日本のタンポポとセイヨウタンポポ

小川潔

丸善出版

日本のタンポポとセイヨウタンポポ◉目次

はじめに

植物学者の牧野富太郎さんは１９０４年の植物学雑誌に、札幌で外来種のセイヨウタンポポが見つかったことを紹介して、将来日本中にこの植物が広がっていくだろうと予言をした。それから半世紀余のうちに、外来種のタンポポは日本全国に広がり、在来種並みの位置を獲得し、昔から日本人の身近なところで生育してきた植物かのような錯覚を人々に与えている。

日本にはもともと在来種タンポポが生育しているが、都市部を中心にタンポポといえば外来種ばかりという地域も少なくない情況となってきた。同一地域内における外来種タンポポの分布拡大と、在来種タンポポの減少は、在来種から外来種へと種が交代していくように見える。

そこでこれをタンポポの交代現象と呼ぶことにしよう。本書では、この交代現象の実態を明らかにし、その原因をタンポポという植物自体の特性と、生育環境、とりわけ人間の関与した生育地特性との関係からとらえてみたい。

第1章◉在来種と外来種

駆逐説に疑問あり！

タンポポの在来種（いわゆる日本のタンポポ）が減少し外来種（いわゆるセイヨウタンポポ）が増加する、タンポポの交代現象は１９６０年代より知られていたが、当初はその実態や原因が不明のまま、推測がマスコミを通じて報道された。たとえば、毎日新聞が１９７２年に報じたアレロパシー（他感作用）の可能性である。アレロパシーとは、植物が毒素を出して他の植物の生育を抑える現象をいう。記事では、ある大学教授へのインタビューのなかで、ひとつの可能性として出てきたアレロパシーを見出し語にしてしまった。さらに、インタビュー記事の本文には何もふれられていないにもかかわらず、見出しには「追われゆくニホンタンポポ、はびこる西洋種のため」という言葉が用いられた。以来、新聞紙上やテレビでは、強い外来種が弱い在来種を駆逐して広がっているという論調が続いた。

もっとも、単純な計算上は外来種の優位性が出てくるのも事実である。千葉大学の大賀宣彦さんは１９７４年の外来植物の定着に関する解説の中で、外来植物が新しい天地で市民権を得るには、在来の植物と比較して何か長所を持つはずだという観点を示した。その例としてタンポポをとりあげ、外来種は在来種より種子の発芽率が高くかつ早く発芽し、生長が早く、たくさんの種子をつくるという前提で、おおざっぱな数値を決めて計算をして、数年後には外来種が在来種をしのいで圧倒的多数を占めるはずだと論じた。

しかしこの比較は、１９５８年のブラックの論文、すなわち、遺伝的に均質な同一種の種子の間では、より早く発芽したものが空間と光資源を占有して大きくなれるという種内競争の理論を、種間競争に拡張したような性格を持っていた。大賀さんの結論は仮定的な数値をすべて正しいとすればそれなりに理屈に合っていたのだが、この推定は外来種が旺盛に生育している場所を無意識のうちに想定していた。つまり、タンポポ以外の植物の存在や、季節等の環境条件が全く考慮されていなかった。また、はじめに想定した発芽の速さなど二、三の項目を除くと、タンポポの他の性質が在来種と外来種ですべて同じであるという前提の上でできる予測であった。そのため、この推定と現実に見られる野外の事実との間には食い違いがあった。

私はそのころ大学院生で、植生の空間構造とそれがつくりだす微小な場の気候的環境との関係に取り組んでいたが、たまたまある出版社から、タンポポはいつ咲くかと尋ねられて、片手間に毎日タンポポの開花を観察するなど、タンポポとの付き合いを始めていた。それで在来種が群生して外来種がほとんどない状態が継続している場所も見知っていたので、外来種がオールマイティだなどとは考えられなかった。研究室の先輩で、農業高校の教師である高田和男さんは、「在来種と外来種をひとつの植木鉢に植えて両方とも生きているのだから、アレロパシーなんてありえない。」と断言した。このように、私を含めて何人かの研究者や植物愛好者は、実際のタンポポの生育状況を見ていた経験から、「駆逐説」に疑問を持った。私がこの問題に取り組むことになったのは、これが発端であった。

日本のタンポポ

タンポポは日本人なら知らない人はまずないと言えるくらい、身近な植物である。スミレ、タンポポ、レンゲソウと言われるように、春の花の代表格となっている。タンポポに在来種と外来種があることは、最近では中学校の理科の教科書でも取り上げられていて、かなり知られてきた。在来種とか外来種とかひと口にいうが、じつはそれぞれのタンポポは1種類ではない。そこで、ここではタンポポの種類について概略を見ておこう。

驚くかも知れないが、タンポポ類は変異性が大きく、分類が難しい植物だと言われてきた。京都大学の北村四郎さんは1957年の論文で、日本のタンポポの分類を、主として頭状花《とうじょうか》を包んでいる緑色の部分（総苞片《そうほうへん》）の形をもとに示した。頭状花とは、キクやタンポポのように、小さな花（小花《しょうか》）が集まってひとつの花のように見える集合花が茎の上端につくために付けられた呼び名である。タンポポでは花びらに見える1枚1枚がひとつの花で小花と呼ばれ、めしべとおしべをひとつずつ持っている。小花ひとつひとつを包んでいるのが「がく」で、これは開花後に伸長してわた毛（冠毛《かんもう》）となる。

頭状花は小花の集まりで、頭状花序《とうじようかじよ》というのが正確な名称で、この花序を包んでいる緑色の皮の1枚1枚を総苞片と呼んでいる。タンポポの場合は2層になっていて、内側の部分を内総苞片《ないそうほうへん》、外側の部分を外総苞片《がいそうほうへん》という。北村さんの分類によると、北方四島を除く現在の日本の領域に自生する日本在来のタンポポは、カンサイタンポポ、カントウタンポポなど22種になる。

ところで、日本在来のタンポポには、遺伝を担う染色

図表1：在来種と外来種

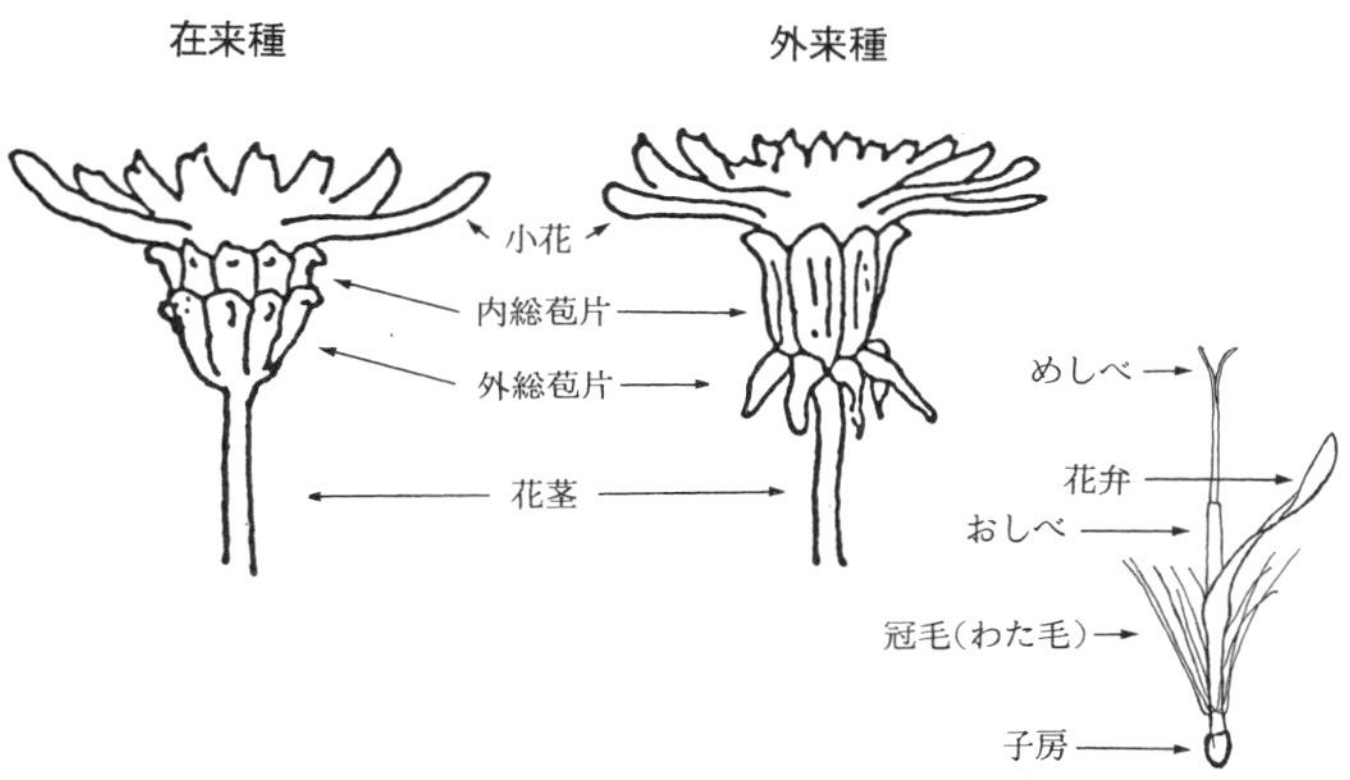

体の数の多様さが知られている。ひとつの細胞が持っている染色体のうち、形の異なるものばかりの1セットをつくる染色体の数を基数というが、タンポポでは基数（X）は8である。このセットを2対、つまり基数の2倍である16本の染色体（2X）を持ったタンポポを2倍体、3対（24本の染色体、3X）のものを3倍体、4対（32本の染色体、4X）のものを4倍体、5対（40本の染色体、5X）のものを5倍体という。染色体の対の数が2以上のものを倍数体といい、3以上のものを特に高次倍数体という。私たちヒトは2倍体で、2Xが46、すなわち両親からそれぞれ23本ずつの染色体を受け継いでいる。

日本在来のタンポポを見ると、西日本を中心に本州北部まで見られる白い花のシロバナタンポポや、局地的に生育する数種を除くと、本州中部以北の山地や東北地方、北海道には高次倍数体が分布し、関東、中部以南から北九州の平地には2倍体種が広く分布している。北村さんによって分類された平地の2倍体種の主なものには、西日本に分布するカンサイタンポポ、本州中部を中心に分布するエゾタンポポ、静岡県を中心に分布するトウカイタンポポ(別名ヒロハタンポポ)、それらの中間形として近畿から日本海側で見られるセイタカタンポポ、関東地方で見られるカントウタンポポがある。これらはいずれも平地に生える種類である。

また、新潟大学の森田竜義さんによる1980年の報告によると、日本在来2倍体種のタンポポは、頭状花の形から典型的な3つのタイプに分けられる。すなわち、頭状花が小型で総苞片の先の突起

分類のランク

植物の分類で用いられるランクには、「種（しゅ）」という基準の上に、近縁なものをまとめた「属」、さらにおおまかな近縁グループの「科」がある。属の内部で、ごく近縁のものを「節」としてくくる。一般的に「タンポポ」というのは属（キク科のタンポポ属、*Taraxacum*）のことを指す。種は内部構造として、「亜種」、さらに細かく「変種」や「型」に分けることがある。変種には地方的特徴がある範囲、型には一般的に、花の色が赤とか白とかの比較的単純な遺伝的表現の違いが該当する。これらの分類ランクを、その段階にかかわらず総じて「分類群」と呼ぶ。

（小角突起《しょうかく》）がほとんどないカンサイタンポポ、大型で小角突起がほとんどないエゾタンポポ、それに大型で顕著な小角突起を持つトウカイタンポポである。セイタカタンポポやカントウタンポポは、それらの中間形ということになる。

在来2倍体種のタンポポは1950年代より、自分の花粉は原則的に自分の卵細胞には受精しないという自家不和合の性質が知られてきた。つまり、種子形成には他個体からの花粉が必要となる。自家不和合による生殖は必ず他個体との遺伝子交換を伴うので、集団内の遺伝的組み合わせは多様になり、個体の間で外形をはじめとする諸性質の変異が大きくなる。日本の2倍体タンポポは変異性が大きく、分類や同定《どうてい》が難しいといわれてきたのはこのためである。

森田さんは2倍体タンポポの個体変異の解析から、各地の2倍体個体群は広い変異性をもち、隣り合った個体群間では共通の形態の個体を含みつつ少しずつ変わっていく地理的勾配（クラインという）があることを明らかにして、北村さんが分類したタンポポの種の再整理・統合を提案した。愛知教育大学の芹沢俊介さんたちも、愛知県周辺の地域個体群において同様の変異性

図表2：在来種タンポポの分類表（森田、1995に基づく）

種 / 亜種 / 変種

- キク科タンポポ属
  - モウコタンポポ節
    - カンサイタンポポ（2倍体、本州、四国、九州、朝鮮）
    - カントウタンポポ（2倍体）
      - カントウタンポポ
        - カントウタンポポ（関東、中部に局在）
        - トウカイタンポポ（静岡県に局在）
      - シナノタンポポ（新潟、長野、山梨、群馬、栃木県に局在）
      - オキタンポポ（隠岐諸島に局在）
    - モウコタンポポ（2倍体・3倍体、対馬、島原半島、朝鮮、中国、モンゴル）
    - オクウスギタンポポ（高次倍数体、5X、宮城県、福島県に局在）
    - シロバナタンポポ（高次倍数体、5X、本州、四国、九州、琉球に局在）
    - キビシロタンポポ（高次倍数体、4X、岡山県周辺、北九州に局在）
    - クシバタンポポ（高次倍数体、4X、近畿、山陰、山陽、四国の山地に局在）
    - ケンサキタンポポ（高次倍数体、4X、日本海側、近畿、中国地方に局在）
    - ツクシタンポポ（高次倍数体、4X、西四国、北・中央九州の山地に局在）
  - ミヤマタンポポ節
    - エゾタンポポ（高次倍数体、3X・4X・5X、日本、樺太）
    - ミヤマタンポポ（高次倍数体、3X・8X、本州の高山・亜高山に局在）
    - シコタンタンポポ（高次倍数体、8X、東北海道、千島に局在）
    - クモマタンポポ（高次倍数体、4X、北海道の高山と千島、カムチャツカ、アリューシャン）
    - ユウバリタンポポ（2倍体、北海道夕張岳に局在）
    - オーヒラタンポポ（2倍体、北海道大平山の石灰岩地帯に局在）

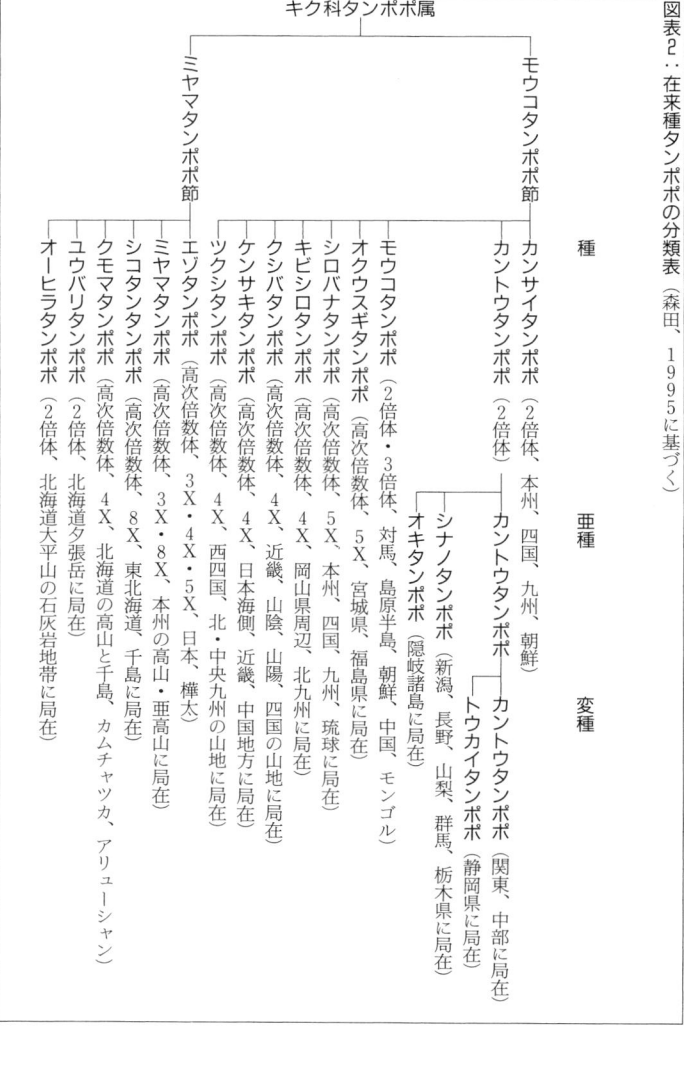

タイプ標本

森田さんは、命名の基準とされるタイプ標本の同定が十分でなかった1930年代にヤツガタケタンポポと名づけられていたタンポポを種としては抹消し、エゾタンポポに含ませ、3倍体以上の高山植物のタンポポをミヤマタンポポ1種とした。

タイプ標本とは、命名の際の基準となる記載事項を観察した個体の標本である。ヤツガタケタンポポのタイプ標本を見ると、外形はエゾタンポポそのものであり、採集地も高山帯ではなく八ヶ岳の麓であるので、エゾタンポポとすべきところを、採集地にちなんでヤツガタケタンポポと命名してしまった。現在のようにタンポポの多様性が科学的に解明される前の時代だから、少しでも既存の種と異なる植物には新種の名前がついたのだろう。それでもタイプ標本に当たれば、標本の形態や産地の記載からおかしいなと気付いただろうが、その後、いちいちタイプ標本を参照することなしに名前だけがひとり歩きして、後世、高山植物として実在するものだと誤解されて、図鑑や写真集の解説などを通して一般に広まってしまった。森田さんは、動植物に名前をつける際の約束事である命名規約にしたがって、もともとヤツガタケタンポポと同種であるタンポポにより古くから付けられていた名前、すなわちエゾタンポポを採用した。

を認め、北村さんの分類システムでは種として認識できないものがあることを示唆した。それらを踏まえ森田さんは1995年の著述で、日本在来のタンポポを15種とした。

森田さんの分類システムの特徴は、頭状花の形の比較とともに、2倍体種では生育地が地理的に離れていても人工的には交配が可能であることと、細胞が持つ酵素多型（コラム参照）の比較などを考慮した点である。森田さんは、日本のタンポポをミヤマタンポポ節とモウコタンポポ節の二つにまず大区分し、次にモウコタンポポ節に含まれる2倍体種をカンサイタンポポとカントウタンポポの2種に統合した（図表2参照）。さらにカントウタンポポの中をまずカントウタンポポとオキタンポポ、シナノタンポポの3つの亜種に大きく分け、亜種カントウタンポポをさらに、小角突起の

酵素多型

分類の物差しは、かつてはほとんど外形の差異によっていたが、現在では交配可能かどうかという遺伝的差異が重要視されている。ただ、どの生物にも共通に当てはまる絶対的基準というものはない。最終的には遺伝情報(DNA)の差異によることになろうが、タンポポ類では酵素多型の解析がしばしば用いられている。すなわち、生物によってつくられ、生物の体内で化学反応を促したり抑制したりするたんぱく質を酵素というが、ひとつの生物の体内で、同じ機能を持っていて分子構造がわずかずつ違っている酵素をアイソザイムと言い、この微細な違いを持つアイソザイムが多種類存在するとき、酵素多型と呼ぶ。突然変異によってある酵素に生じたアイソザイムは、分子構造の違いにもかかわらず機能的に差があまりなければ、自然選択のふるいにかからず、子孫に受け継がれる。長い時間の間には突然変異によるアイソザイムがいくつも蓄積することになるので、同じ酵素でありながら構造が多様なものの存在、つまり酵素多型という現象が起きるのである。共通のアイソザイムを持つか否かを調べることによって、酵素多型という現象は近親関係など遺伝的過程を調べる目印にもなるし、過去の種分化の足跡を辿るのにも利用されている。

地域的特徴でカントウタンポポ、およびトウカイタンポポという2つの変種に細分した。

図表2にも示すように、ひと口に日本のタンポポと言っても、15種もあることに留意してほしい。

外来のタンポポ

牧野さんが予言したように、外来種のタンポポは1960年代には日本各地で見られるようになった。長田武正さんは1972年刊の『日本帰化植物図鑑』のなかで、日本における外来種タンポポとして、セイヨウタンポポ(*T. officinale* Weber)とアカミタンポポ(*T. laevigatum* DC.)の2種を記載し、セイヨウタンポポについて、北海道の平地全域に広がり、本州以南では都会地周辺で在来種と交代していると述べている。

外来種タンポポというと原産地としてアメリカを思い浮かべる人が少なくないが、キク科植物の分類学者であるイギリスのリチャーズによると世界のタンポポ多産地は、ヨーロッパ、アイスランド、ヒマラヤ、中近東、日本の5地域があげられている。ドイツの植物学者ハンデル＝マゼッティの1907年の著書によると、セイヨウタンポポに該当する種はヨーロッパ方面から20世紀初頭に東アジアへ到達している。アメリカの植物学者のアンダーソンとフルテンはそれぞれ、北アメリカ大陸に帰化したセイヨウタンポポを、アラスカの植生を構成する植物のひとつとしてすでに1961年と1968年に記載している。日本に帰化している外来種の起源は1か所ではないかも知れないが、少なくともそれらのうちのひとつは、ヨーロッパまたは中近東起源と推測される。

在来種・外来種を問わず、タンポポ類の高次倍数体種（染色体のセットを3対以上もつ種）は、無融合（無配偶）生殖という生殖方法をとっている。これはややこしい概念かも知れないが、生殖細胞で起こるので有性生殖の範疇に

有性生殖と無性生殖

「外来種のタンポポは無性生殖で種子をつくる」と記載した本を時々見かけるが、これは間違いである。そもそもの定義として、配偶体（卵細胞と精子や花粉、あるいは接合をするパートナー細胞同士）をつくる生殖方法を有性生殖、特別な配偶体をつくらずに体細胞の一部から個体が増える生殖方法を無性生殖という。無融合（無配偶）生殖は卵細胞をつくるので、有性生殖にあたる。ただ、以後に続く受精など細胞融合（合体）の過程を失っているだけである。

また、「外来種のタンポポは単為生殖でも種子をつくる」という表現も、厳密には誤りである。単為生殖はメス（卵）だけで子どもができるので、無融合（無配偶）生殖は単為生殖であるのは正しいのだが、単為生殖でも種子をつくるというと、単為生殖でなくとも種子をつくるという意味を持ってしまう。外来種のタンポポだけでなく在来種でも、高次倍数体のタンポポは、受精という過程（両性生殖という）をとらないので、単為生殖でしか種子をつくれない。

入る。私たち人間の生殖細胞なら、卵母細胞が減数分裂をして親の半分の数の染色体を持った卵子ができる。父方の精子も同様に半数の染色体を持ち、受精によって親と同数の染色体を持った子ができる。

ところが2セットを超える多数の染色体をもつタンポポの高次倍数体の種では、父方にあたる花粉形成に際して、染色体が均等に2つの細胞に分かれて花粉となる正常な過程ができず、細胞分裂はあるが、できた花粉には色々な数の染色体が含まれ、ほとんどの花粉は受精能力がない。またヨーロッパには、はじめから花粉をつくらない種もある。

一方、母方にあたる卵子形成の過程では、減数分裂を省略して親の細胞と全く同じ染色体の数と組み合わせを持った卵細胞ができ、これが受精なしで細胞分裂を進め、種子となってしまう。ちなみに、タンポポ分類学の第一人者であるオランダのステルクが書いたタンポポに関する著書『タンポポ』のサブタイトルは、日本語訳をすれば、『父親のいない植物』である。

したがって生まれた子どもは母親とまったく同じ染色体の組み合わせを持ったコピーであり、生殖細胞起源ではあるが、遺伝的には今話題のクローンと同じ意味になる。そのため、個体間での遺伝子の交流がなく、親から子へと全く同じ遺伝子構成が伝わり、各家系がそれぞれの特徴を固定して持つことになり、一家系をひとつのクローン、あるいはひとつの種と考えることも可能となる。先に述べたように、2倍体種のタンポポが他個体との遺伝子交換を行って多様性に富む子孫をつくっているのと対照的である。

こうした高次倍数体の各系統をマイクロスピーシーズ（微小種）と呼び、ヨーロッパでは多数記載されていて、たとえばタンポポ研究者のソエストは１９６９年の著書で、スイスのタンポポとして２３５種を記載しているし、先に引用したイギリスのリチャーズは１９７２年の著書で、イギリスで１３２種を記載している。オランダのロエンホードとデュイツは、「*T. officinale*（日本でいうセイヨウタンポポ）」は実態のない概念であり、マイクロスピーシーズを考慮しない種の認識は時代遅れであるとして、*T. officinale* という学名を用いている非ヨーロッパ系の研究者を批判している。また、ドール（１９７３年）やステルク（１９８７年）によると、*T. laevigatum*（日本でいうアカミタンポポ）と記載されたものは *Erythrosperma*（エリスロスペルマ）節の複数の種をあらわしているという（節とは、同属内の、より近縁な種の集まり）。森田さんの１９８７年の著書によると、これらをまとめて *Ruderalia*（ルデラリア）節（セイヨウタンポポに該当する種群）で約１０００種、エリスロスペルマ節（アカミタンポポに該当する種群）で約５００種のマイクロスピーシーズが記載されているという。また、森田さんとヨーロッパの研究者との共著による１９９０年の論文では、日本に生育するセイヨウタンポポと呼ばれているものは、ルデラリア節に属する未同定種として扱われている。つまり、日本で広がっている外来種タンポポは、ヨーロッパのどのタンポポなのか、わかっていないということである。

ヨーロッパの２倍体タンポポと高次倍数体タンポポ

ヨーロッパでも２倍体のタンポポが発見されている。特に1980年代以降、日本の２倍体タンポポに関する森田さんの研究が紹介されてからブームとなったようである。リチャーズとステルクはそれぞれ、1970年と1987年の論文で、２倍体から高次倍数体、また高次倍数体から２倍体が生じるというサイクル説を提唱した。

森田さんたちは1990年の２つの論文で、高次倍数体はそれ自身には他個体からの遺伝子を含む種子をつけず、クローンのみの種子をつけることと、高次倍数体の花粉は花粉形成時の無秩序な分裂により通常は受粉能力を持たないが、２倍体の自家不和合性を弱めて自家受粉させる効果があること、高次倍数体にもまれに、ちょうど２セットの染色体を持った受粉可能な花粉が生じ、これが２倍体の花に受粉して種子（雑種）をつくることを実験的に証明した。この実験では、母親に日本産の２倍体種が、またもう一方の父親に高次倍数体としてヨーロッパ産および日本に帰化している外来種が用いられ、できた雑種個体は３倍体であった。

つまり、高次倍数体からは高次倍数体が生じ、２倍体からは２倍体と３倍体の子孫が生じたのである。

またステルクの1987年の論文によると、ヨーロッパの２倍体種は種子稔性（完熟種子の割合）が低いなど、個体群を拡大する潜在能力が小さく、きわめて希少であるという。

ところで、外来種であるセイヨウタンポポとアカミタンポポとは、これまで図鑑などの記載上は果実の色や葉の切れ込みの程度などによって区別できるとしてきた。しかし葉の切れ込みに関しては同一個体であっても季節によって変化があり、個体間でも差異があるので、ほとんど役に立たない。果実の色とは、種子を飛ばすわた毛の根元にある「重り」の部分の色である。タンポポの果実は、この重りの部分とわた毛をあわせた全体のことだが、重りの部分に種子が入っている。柿や梨のような果肉がないので「痩果《そうか》」と呼ばれる。痩果の色が茶褐色なのがセイヨウタンポポ、桃色なのがアカミタンポポというわけだ。つまり、痩果の色以外にはルデラリア節（セイヨウタンポポに該当する種群）とエリスロスペルマ節（アカミタンポポに該当する種群）との区別を確実に行うことは困難である。しかも、それぞれに色の濃淡や色調が多様にあって、それぞれに複数の種の存在を思わせる。

日本における外来種タンポポは原則的に無融合生殖をする種（すなわち高次倍数体）であるから、クローンとして均質な個体を生み出したはずである。しかし現実には、一地域をとっても必ずしも均質な形態的特徴を示さない。クローン間に変異性があるということはすなわち、多系統が存在する可能性があることを意味している。たとえば、これまで当たり前と考えられていた花粉を持つ外来種のほかに、東京などで花粉をつくらない外来種が広く分布することを私は観察している。これらはいわゆるセイヨウタンポポの実の色をしている。つまり、セイヨウタンポポと呼ばれるもののなかに、花粉をつくるものとつくらないものとの2つのタイプがあることになる。

外国でも、北米大陸の山地に生育するいわゆるセイヨウタンポポについて、高い標高に生育するものほど、より低温で光合成のピークが見られることが報告されている。これは生育地の温度環境に適応した多様性があるということだが、その原因については、何らかの遺伝的差異があるか、あるいは同一種内の生理的適応現象に幅があるだけかも知れない。また、アメリカでは著名な生態学者であるソルブリッジによって、ひとつの大学構内で光環境が異なる場所ごとに光合成の仕方が異なる数タイプのセイヨウタンポポが見つかっている。この場合も、ソルブリッジの考えにしたがって、アメリカに帰化してからセイヨウタンポポが生育地の環境条件に適応して分化したとすると、セイヨウタンポポが原則的に無融合生殖タイプである以上、突然変異が起こったと考えるしかない。しかし、同一地点で同時にいくつもの突然変異が起こる可能性はたいへん小さいので、もともと多起源だった複数の系統がアメリカに帰化したと考える方が無理がないのではないかと私は考えている。

先にふれたロエンホードとデュイツは、オランダのマイクロスピーシーズ（微小種）が地形や温度に対応して分布していると述べ、マイクロスピーシーズごとに生態的特性が少しずつ違うことを強調している。オランダのタンポポ研究の第一人者であるステルクは、西ヨーロッパでは高山種などを別にして、タンポポの生育地は放牧地や公園、路傍などで、放牧地では家畜の採食の程度によって生育するマイクロスピーシーズが異なるという。

残念ながら、日本の研究者にはこれらヨーロッパのマイクロスピーシーズの識別ができないため、細かい点がピンとこない。もっとも、日本で在来種が15種もあるのに、ヨーロッパの研究者は東アジアのタンポポを、モウコタンポポ1種とみなす傾向が強い。モウコタンポポとは、東アジアのタンポポが属する近縁種のまとまりである「節」の名前でもある。ちょうど、私たち日本人は、日本人、中国人、韓国人の顔を見てなんとなく区別できるのに、ヨーロッパ人には東洋人としてしか認識できない、逆にイギリス人、フランス人、ドイツ人をヨーロッパの人たちは区別できるのに日本人には難しいのと同じで、種の区分の認識については、世の東西を通じて同様の悩みがあるといえよう。

こうした煩雑な種の同定上の問題から、本書では基本的にはセイヨウタンポポの学名にしばしば付記される“sensu lat.”（複数の種を含む複合種）の意味に倣って、ルデラリア節（セイヨウタンポポに該当する種群）とエリスロスペルマ節（アカミタンポポに該当する種群）を含めて「外来種タンポポ」あるいは「外来種」と表現して、いくつかのマイクロスピーシーズを含む概念として取り扱うこととした。

セイヨウタンポポ（またはアカミタンポポ）と記載されても別の場所のものは同種である保証がないばかりか、同じあき地に花粉があるものとないものとが生えていることもある。つまり、同じセイヨウタンポポと書かれていても、同じ種類であるとは限らないことを知っておいてほしい。と同時に、広く世界へ飛び出した「外来種」としての共通した性質のあることをも認識しておく必要があるだろう。

見分け方

在来種と外来種との識別は、長田武正さんによれば一般に頭状花（いわゆるタンポポの花）を包んでいる緑の部分である外総苞片が内総苞片に沿って上を向いて立ち上がっているのが在来種、外総苞片が内総苞片から剝がれて垂れ下がっているのが外来種である（図表1）。この識別法は、在来種のひとつであるシロバナタンポポなどで見分けにくい場合があるが、おおむね、誰にでもできるものである。しかし、花期にしか使えない制約がある。

その他、高次倍数体と2倍体との区別法として、森田さんが1976年に開発し、ヨーロッパでもジェニスキンズが1984年に採用した花粉のサイズによる方法もある。2倍体タンポポの花粉は正常の減数分裂を行うので大きさがそろっていて、内容が充実しているのに対し、高次倍数体の花粉は減数分裂がうまくいかないため大きさに大小の差異が顕著で、中身が空っぽのものが多いところを顕微鏡で確認できる。また、山口聡さんが1976年に用いた染色体の数を調べる方法もある。しかしこれらは、用具や手間、あるいは熟練を要するため、いずれも誰でもが使える方法ではないし、フィールドで在来種と外来種とを即座に識別するのには使用できない。

ところで、外総苞片の形による識別はどうも完全ではないということを、最近痛感するようになった。以下に紹介するタンポポ調査に際し、外総苞片が内総苞片から剥がれて垂れ下がっている程度が中途半端な個体が時々見つかっていた。1998年には南関東の3か所でほぼ同時に、蕾《つぼみ》の時には垂れ下がらない個体が見つかり、一部ではその群生が確認された。さらに2000年春の南関東における調査でも頻繁に認められ、識別に苦労するものがあった。もっとも、同じ株でも、開花が進んだ頭状花では外総苞片が垂れ下がるので、在来種とは区別できるし、花粉の大きさが不ぞろいであることでも在来種との区別が可能であるが、今後は、1本の頭状花単独で種類を判断するのは危険かも知れない。

ヨーロッパでは、日本の在来種と同じく外総苞片が直立しているマイクロスピーシーズが多数記載されている。現在日本で確認されている外来種は、外総苞片が垂れ下がっているタイプということになっているが、垂れ下がっていないタイプの外来種が日本に到達していないという保証はない。各地で時々見つかる区別しにくい個体が、こうした外来種である可能性は否定できない。また、第7章でふれるが、在来種と外来種との間の雑種である可能性もある。

しかし、以下の章で述べるタンポポ調査ではこれまでの分類方法にしたがって、外総苞片が直立しているか垂れ下がっているかで、在来種か外来種かを区別する方法をとった。

日本各地のタンポポ調査

ここで、これまで日本各地で行われてきたタンポポ調査の概略を見ておこう。タンポポ研究の第一人者であるオランダのステルクは、都市化とタンポポとの関係については日本の例（小川の1979年の論文）を唯一引用しているだけである。タンポポの分類学的研究の中心地であるオランダや西ヨーロッパにおいては、都市が田園的な環境と分離せずにあることが当たり前なためか、都市化とタンポポとの関連についてはほとんど注目されていない。

一方、私の友人からの手紙では、カナダのトロントで、帰化したいわゆるセイヨウタンポポが住宅地の庭や公園に大発生しているといい、都市を中心として外来種が広がる光景は世界的に共通したことと推察される。日本の場合、在来種が全国的に分布しているので、種の交代現象として外来種の生育地拡大が注目を集めることになったと考えられる。

１９７０年代前半の頃から、研究者や市民のなかでタンポポの交代現象について実態調査の試みが始まっていた。しかしデータなしで分布図を描いたり、調査地点の選定方法や面積、サンプル数といった基本的データが記載されていないため、実証的・定量的研究としてはいまひとつ説得力に欠けていた。

はじめて調査の基本データをつけて報告したのは１９７５年の内藤俊彦さん（東北大学）で、仙台市の中心部から郊外に向かって路傍のタンポポを観察して、地図上に在来種のエゾタンポポ（内藤さんは *T. hondoense* と記載）およびセイヨウタンポポの存在地点を記録していった。その結果、市街地の中心部に外来種、郊外に行くにつれて在来種が出現するという結論を導いた。この方法は、調査そのものは簡単であるが、後に内藤さんが私に直接語ったように車上からの観察であったため客観的に見ると種の識別に不安があり、その後各地で行われたタンポポの調査ではほとんど採用されていない。

大阪府において面的な調査を行ったのは、大阪の自然保護団体、「自然を返せ！　関西市民連合」であった。ここでは会員にアンケートを依頼し、身近な地点のタンポポの種類を調査してもらった。同連合の１９７５年の報告では、調査地域を区画分けし、区画ごとに調査結果の平均を求めて図示したところ、大阪府においても、市街地に外来種が多く、郊外に在来種（カンサイタンポポ）が多いという結論を得た。同様に、隣接する阪神地区においても社団法人兵庫県自然保護協会によって調査が行われ、１９７６年に報告が出された。

京都大学の堀田満さん（現・鹿児島大学）は、１９７７年のタンポポの諸性質とタンポポ調査に関する論文で、先にふれた関西地方の調査に補足調査を加え、京阪神地域の在来・外来種の勢力分布図をより詳細に作成するとともに、資源探査衛星アーツによるこの地域の赤外線写真とタンポポの分布図とを比較し、写真の市街化された地域と、外来種の優勢な地域が重なることを示した。このように市民や教員・研究者が力を合わせ、広範囲にタンポポの分布を調査することを、いつしか「タンポポ調査」と呼ぶようになった。その後の各地のタンポポ調査の結果からも、都市の中心部に外来種、周辺部に在来種が生育することが明らかになった。

東京を中心とする南関東でも、タンポポ調査実行委員会が１９７８年につくられ、同様の調査が行われた。結果は私の１９７９年の論文にまとめられたが、そこでは大阪の調査結果と同様に都市化とともに外来種が見られるという一般的傾向が確認されたが、第2章で詳述するように、生育地の情況によっては一般的分布傾向とは異なるタンポポの出現、すなわち、都市部にも在来種、郊外にも外来種があることが明らかとなった。

これらの調査の方法は、調査に出かける者が任意に調査地点を決めるので、調査への参加がしやすく多くのデータを得やすいという長所があったが、調査地点が行きやすいところや在来種が生えているところに偏ったりして、地理的比較がしにくい欠点があった。

平塚市博物館では学芸員の浜口哲一さんを中心に平塚市タンポポ分布調査会を組織して、平塚市内のタンポポ分布を詳細に調べ1980年に発表した。ここでは、上記の欠点を補うため、地点をあらかじめ地図の上で一定間隔にとる指定点方式が用いられた。さらに1984年の報告で、外来種をセイヨウタンポポとアカミタンポポとに区別し、両者の侵入の差異を検討し、アカミタンポポがあとから侵入してより乾燥した場所に生育していると推定した。調査地点を指定する方法（以下、「調査地点指定法」と呼ぶ）は、調査地点を地理的に均等にとるため、調査地区によるデータの偏りをなくし、結果の信頼度を高めることができるが、指定された地点へ行き着くのが容易でない場合があり、データをとる段階での努力を要する。

私と東京農工大学（当時）の本谷勲さんは、平塚市で採用された調査地点指定法を広域に採用して1980年代はじめに南関東地域の調査を行い、都市部と郊外地域とを同様のサンプリング精度で比較し1985年に論文を発表した。同時に、各調査地点の土地利用の仕方を合わせて調査し、その結果を1991年の論文で検討した。これらの結果も第2章以下で詳細に紹介する。なお、調査地点を指定する方法により、タンポポが生えていない場所も含めたサンプルが得られ、結果としてタンポポの生育地に関する評価も可能となった。

ところで、大阪府教員の木村進さんによる1982年の2つの報告や㈳大阪自然環境保全協会タンポポ調査委員会の１９８６年と１９９６年の報告によって、外来種タンポポの進入過程を時間を追って検討する試みが行われ、堺市や大阪府域では１９７０年代半ばから１９９０年代半ばまで、外来種の優勢地域が地理的に拡大し続けていることが明らかとなった。

滋賀県においても、１９７３年に沿道調査においてほとんど見つからなかった外来種が、１９８４年には幹線道路沿いや近年開発が著しい地区に目立つようになったことが滋賀県教員の坪井直行さんによって報告された。

堀田満さんは、京都大学教養部キャンパス内のタンポポ個体の消長を１９７５年と１９８６年とで比較し、建物の取り壊しや建て替えのあと、カンサイタンポポが失われ、セイヨウタンポポの生育地となったこと、その後、一部の場所でカンサイタンポポが再侵入していることを報じ、花粉を運ぶ昆虫や種子供給源としての在来種個体群の保存の重要性を示唆した。

㈳大阪自然環境保全協会タンポポ調査委員会は調査地点指定法を用いたデータをもとに、在来種タンポポに対する帰化種タンポポの割合が、市街化率の低い地区の市街地で低く、市街化率が高い地区の農地では高いことを１９８６年に示した。すなわち同委員会が指摘するように、前者については、市街化された場所の周囲に残る未市街化地に在来種が残存していて在来種の種子供給源となっていることが考えられ、後者については、市街化による在来種個体群の分断が考えられる。また、市街地内の農地では、畦《あぜ》や農道といった在来種が生息できる空間が失われていることが推測される。

平塚市においてタンポポ調査をすすめた平塚市博物館の浜口哲一さんは、１９７０年代には在来種の生育拠点となっていた旧農林省果樹試験場が市民の運動公園として開発され、１９９０年代になって在来種の群落が消滅したことを確認している。

２０００年春現在、大阪では5年目ごと、南関東では10年目ごとにタンポポ調査が継続的に行われている。このように時間的比較という地道な調査・研究によって、在来種と外来種タンポポの生育地の変遷が事実として明らかにされつつある。

多くのタンポポ調査の方法的特徴は、市民参加による人海戦術の調査にある。生物愛好者、自然保護団体の会員たち、街のおじさんおばさんたち、学生・生徒ら大勢の人々の、時間とお金と労力の提供というボランタリーの協力で、タンポポの分布実態は解明されてきた。石川県の調査では、保育園・幼稚園の子どもたちが活躍した。タンポポ調査はこういった新しい調査方法を提示した意義もあると私は思っている。こうした実績の上に立って、環境庁は１９８４年から緑の国勢調査に国民参加による生物調査手法を導入し、１９８５年に第1年度の結果を公表した。

在来種・外来種タンポポの生態分布については、中学校理科第2分野の教科書のいくつかにも取り上げられ、１９９７年より、文部省のインターネットを利用した中学生向け環境教育モデル事業「環境情報活用事業」の一環にも加えられた。また、インターネットのホームページを通してタンポポ調査結果を公表するケースも見られるようになった。

個人的体験で恐縮だが、1980年代になって私がタンポポについてのテレビ番組に引っ張り出されたとき、番組の台本には外来種による在来種駆逐のストーリーができ上がっていて、その内容の是非をめぐってディレクター氏と1日かかって議論したことがある。このときはロケ先の都心にある在来種の生育地に行って、駆逐説では都心の在来種の存在が説明できないことを目の当たりにして、ディレクター氏は台本の修正に応じてくれた。

今から振り返ると、1970年代から80年代前半の当時は、高度経済成長とそのあとの「環境冬の時代」であり、弱肉強食が世の中の原理だという考えが社会の風潮としてあって、データや実証を伴わない駆逐説が人々に受け入れられた下地となっていたように思う。その影響は大きく、1990年代の後半になっても、勤務先の大学の講義で学生にきくと、「外来種タンポポが在来種を駆逐している」と高校時代までに学校で教えられたと答える者が、数十名のクラスで毎年必ず数人はいる。

第2章◉南関東におけるタンポポ調査

第1章でふれたようなタンポポ調査の歴史的流れの中で、私自身も東京を中心とする南関東でのタンポポ調査に中心メンバーのひとりとしてかかわってきた。第2章では具体的な調査結果と、その意味について紹介しよう。

1978年の調査から

(1)任意地点を調査する

東京周辺における在来種と外来種タンポポの分布調査は、1978年4～5月に「タンポポ調査1978実行委員会」によって組織された。同実行委員会は私とお茶の水女子大学の学生さんたちが事務局を引き受け、新潟大学へ赴任した森田竜義さんや、東京農工大学の本谷勲さん、大東文化大学の和田優さんなど、東京とその周辺の研究者の支援を受けて発足した。東京周辺には、当時のタンポポ分類の基準となっていた京都大学の北村四郎さんの分類にしたがうと、在来種として白花のシロバナタンポポと、黄花の2倍体タンポポであるカントウタンポポ、エゾタンポポ、トウカイタンポポが見つかる可能性があったので、これらを一括して在来種とした。外来種としては、ともに黄花のセイヨウタンポポとアカミタンポポが認識されていた。これらのうち、シロバナタンポポはたいへん少ないので調査したものの実質的には対象とせず、黄花のものを在来種、外来種の2つに区別した。

なお、現在の知見からは、この調査における在来種タンポポは、森田竜義さんの1995年の分類で決められたカントウタンポポにあたる。

調査は、自然保護団体メンバー、教員、学生、その他一般市民の参加によって行われた。各調査者は任意の調査地点に出かけて行って、調査票に記入した。調査票には、タンポポの在来種・外来種の有無、在来種・外来種が両方あればその勢力比（どちらが多いか）、群落の大きさ、生育地の地域的特徴、生育地の土地利用の特徴（その土地がどのように利用されているか）といった調査項目に関する選択肢が載せてあった。

なお、調査票の具体的内容については、これ以降の調査のたびに改良してきているが、1990年のものを付章1に載せてあるので、参照していただきたい。

⑵その結果

期間内に東京都とその近県（埼玉県、神奈川県、千葉県）で得られた調査票数は約3、500であった。調査結果を3㎞四方の区画あたりの平均値で表示してみた。そこから言えることは、

①都市部では、ほとんどの区画で外来種が在来種より優勢であった。特に、工場や住宅地として利用されている湾岸地域において、その傾向は顕著であった。

②また、千葉県西部や東京都・神奈川県の衛星都市地域で、外来種のみの区画が目立った。

③一方、在来種の優位な区画は、郊外地域、とりわけ神奈川県下で認められた。

④東京都の都心部では、外来種が優勢であるものの、多くの区画で在来種もいくらかは見られた。

おおまかに都市部に外来種が、郊外に在来種が優占するという、他地域での調査結果と共通する結果がここでも得られた。一方、唯一の例外が東京都の都心部で認められた。すなわち、皇居とその周辺を含む区画において、在来種・外来種が半々の勢力比を示した。

調査結果のうち、平塚市とその周辺の部分については平塚市博物館の浜口哲一さんを中心として市民参加の調査団が組織され、とりわけ高密度の調査データが得られた。ここでも市街地部分で外来種が優勢であるのに対し、在来種は郊外部分の丘陵上で優勢であった。市街地と丘陵部との中間の低地では、在来種・外来種の勢力比はさまざまであり、タンポポなしの地点も多かった。

外来種が都市部に、在来種が郊外に多いという一般的傾向が平塚市でも確認されたわけだが、次の

2つの例外が認められた。ひとつは郊外にあたる丘陵地の中で、周りを在来種のみという地点に囲まれて外来種のみ、あるいは外来種が多いという地点が、市の南西部にある大磯町との境界付近と、北西部および北部の計3か所で認められた。前者は、丘陵を切り開いて造成されたゴルフ場であり、後者は近年造成された大学のキャンパスと住宅団地であった。もうひとつの例外は市街地の中央部にあり、周りを外来種のみという地点に囲まれ、在来種のみ、あるいは在来種が多いという地点があった。それは、農林省果樹試験場（当時）の構内であった。

大群落が生育する地域的特徴としては、在来種は山林地帯および田園地帯で相対的に多く、外来種は住宅地帯で相対的に多く、工場地帯では外来種のみであった。

(3)結果を読む

地理的分布の結果から見ると、外来種が都市部に、在来種が郊外（田園地帯）に多いという一般的傾向は、東京とその周辺でも確認された。ただし、郊外といっても近年の住宅開発が進んで事実上都市化した千葉、東京、神奈川の一部では外来種が優勢であった。

一方、これらの一般的傾向とは異なるケースがいくつか見つかった。平塚市の調査から、たとえ郊外でも、造成されたゴルフ場や大学のキャンパスなどでは、外来種が優勢となることが明らかとなった。また、平塚市の市街地や東京の都心で在来種が局所的にまとまって存在することもこの調査で見つかった。平塚市の場合、市街地の中央部にある果樹試験場という、農業的土地管理が継続している、いわば植物園の中に在来種が群生していたし、東京の場合は、皇居とその周辺という、近年の大規模な開発を免れた場所を含む区画で、在来種の勢力が外来種と拮抗していた。

これらの事実は、外来種・在来種の分布が、都市部と郊外という漠然とした環境の指標を表しているというより、生育地における人間による大規模な土地改変、または伝統的な農業的土地管理の継続や土地の保存という、人間が自然へ与える圧力の強さや質の違い、少し難しい表現を用いれば、人間が自然に及ぼす撹乱の程度を反映していることを強く示唆している。

都心部の実態

人間による土地改変、または土地の保存とタンポポの種類との関係を示す事例として、都心の一角にある東京都文京区の公園緑地において、1978年4～5月に行われたタンポポの出現調査結果を紹介しよう。東京都文京区には、都市施設として造成された児童公園の他、江戸時代から庭園として保存されてきた場所が複数あるので、これらにおける在来種・外来種の有無を調査対象とした。

調査は児童公園22か所、公共的庭園4か所、寺院の庭2か所、墓苑2か所、で行った。その結果は、児童公園では、タンポポなしが22か所中17か所と多く、外来種は5か所で見られたが、在来種が出現した場所はなかった。庭園は4か所すべてで外来種が見られたが、そのうち3か所では在来種も見られた。寺院の境内の庭では、2か所とも在来種が見られたが、外来種は見られなかった。また、墓苑では2か所いずれもタンポポなしであった。

児童公園は、除草などの管理が行き届いていて、タンポポに限らず野草の種類も量も少なかった。同様に墓苑も、管理が行き届いていて、タンポポは在来種・外来種とも見られなかった。

一方、公共的庭園は小石川後楽園、六義園、新江戸川公園、小石川植物園（東京大学大学院理学系研究科附属植物園、以下同じ）で、いずれも樹林や草地、果樹・花木の疎林《そりん》があり、野草などの植物もよく見られ、樹林を中心とした庭園である六義園以外の庭園で在来種のタンポポが生育していた。また、庭園内では散策路を中心に外来種が見られた。なお、これらの庭園は江戸時代に大名屋敷の庭などの形でつくられ、その後、財閥の邸宅になったものも含めて緑地として保存され、近年の都市開発の直接的影響を受けなかった場所である。

調査した2か所の寺院の庭はいずれも道路に面していたが、1か所は植木によって囲まれていて人の侵入がなく、保存された環境であった。もう1か所は小石が敷き詰められた中に、在来種タンポポだけが生育していたので、在来種は意図的に保存されていたと推定される。後者はともかく、前者は後背に皇室の御陵がある場所であり、周辺の路傍にも在来種タンポポが散在していたので、もともと広く生育していた在来種が、植樹によって囲われたために残ったと推定される。

これらの結果から、平塚市や皇居周辺に限らず、都市の中でも開発から免れて従前からの植生が保存されてきた場所には在来種が残存していることが明らかとなった。

1980年代の調査から

(1)指定地点を調査する

在来種と外来種の勢力分布を広域的に明らかにするため、1980年代初頭に南関東地域を対象に在来種と外来種の有無等を調査した。この調査はその後の各地のタンポポ調査におけるモデルのひとつになって、各地で調査方法が孫引きされてきた。なお、調査票の内容や集計方法の具体的手順について、付章1で詳しく紹介しておく。

調査主体は東京農工大学と東京学芸大学の学生さんを中心とするタンポポ調査実行委員会であった。1978年の実行委員会を担った学生さんたちが卒業したのと、私が東京学芸大学に就職したため、職場が近い東京農工大学の本谷勲さんと二人で仕掛人となった次第である。

調査方法は平塚市で採用された調査地点を指定する方法を用いた。調査にあたっては、国土地理院発行の2万5千分の1地形図東京主部の図面の左下隅を基点として、東西南北2km四方の区画を順次設定し、その中でさらに東西南北500mおきに調査地点をとった。なお、ここで用いた500mおきの調査（2km四方あたり16地点）によるサンプリング密度は、結果的に、野外を歩いて出会うタンポポの頻度についての経験的感覚とそれほどの違和感があるものではなかった。

多数の調査地点であるため、調査は3年間にわたって行った。すなわち、1980年に東京都の多摩川から南、神奈川県の相模川から北の地域を調査した。この地域には多摩丘陵があり、東京都の旧南多摩郡がすっぽり入るので、ここでは①「南多摩地区」と呼ぶことにする。ただし、川崎市東部は東京に連続する市街地なので、②「川崎市街地区」として区別する。そして、1981年には多摩川以北の東京都市町村部（旧北・西多摩郡地域、ここでは③「北西多摩地区」と呼ぶことにする）と埼玉県南部の④「狭山―入間地区」を、さらに1982年には⑤「東京23区地区」と東京都に接する千葉県西南部と埼玉県東部（ここでは⑥「西南千葉地区」および⑦「東南埼玉地区」と呼ぶことにする）を調査対象とした。調査はタンポポの在来種と外来種の識別が容易な花期の4月から5月に行った。

調査には、主婦、自然保護団体会員、教師、学生ら、

図表3：調査地略図

市民約240名が参加した。各調査者は、指定された調査地点におもむき、調査票の指示にしたがってタンポポの有無、タンポポがあればその種類、また在来種と外来種がともにあればその勢力比（どちらが多いかの相対的割合）、およびタンポポの群れている様子を選択肢より選ぶ方法で調査票に記入した。また、タンポポがある場合は、その種類ごとに頭状花をひとつ採取して証拠とした。

⑵データの集計

調査済みの調査票は、記載項目同士および証拠に添えられた頭状花との整合性をチェックした後、矛盾がないもののみ有効とした。実際、証拠の花がなかったり、ノゲシやジシバリなどタンポポでない花が添えられていたり、タンポポがないと書いてありながら、別の項では外来種が多かったと記入した調査票があったりして、どうしても信頼性に欠ける調査票は、残念だが採用するわけにいかなかった。それらを差し引いた結果、有効な調査票は全域で7、090であった。結果として有効な調査票が集まらず、空白となった地区もあったが、2km四方でくった区画の数は全域で518になった。

⑶結果から見えること

1)種類別の出現頻度

まず、有効な全調査票7、090について、種類ごとにタンポポの出現頻度、つまり、調査した全地点の中でタンポポが見つかった地点の割合を求めた。

①在来種は全調査地点の12・7％に出現した。

②外来種は71・9％の地点に出現した。

③両種の共存地点は8・0％であった。

④どちらのタンポポも生育していない地点は23・4％であった。

これらの数字は調査地点の3／4以上でいずれかのタンポポに出会えることを示しているから、確かにタンポポは身近に存在する植物と言える。

しかし、地区ごとに見ると、比較的自然が豊かな南多摩地区で外来種タンポポの出現頻度が75・3％であったのに対し、東京23区地区では72・9％と、外来種が目立つ都市部において外来種の出現頻度が必ずしも高いわけではないことが明らかとなった。

2)在来種は西高東低

外来種が在来種より多くなるというのが交代現象の過程のはずなので、次にどちらのタンポポがその地点に多く見られるか、すなわち勢力比に注目してみよう。

勢力比を2㎞四方の区画（原則的に16の調査地点が入る）単位で見ると、

①全域を通して、「在来種のみ」の区画は皆無であった。

②「外来種のみ」の区画は東京23区地区から東京湾岸に集中し、川崎から千葉まで連続的に分布し、東京23区地区では80・0％に達した。

③東京23区地区では、「外来種が多い」の区画も20・0％を占め、「在来種・外来種同じ位」または「在来種が多い」という区画はなかった。

④西南千葉地区および川崎市街地区は東京23地区と同様の傾向であったが、前者ではわずかであるが「タンポポなし」の区画があった。

⑤一方、埼玉県の狭山―入間地区および南多摩地区では外来種のみの区画が東京23区地区や西南千葉地区と比較して少なく、とりわけ南多摩地区ではわずか9・4％であった。

⑥北西多摩地区、南多摩地区および狭山―入間地区の特徴は、「外来種が多い」または「在来種・外来種が同じ位」が多いことであった。

⑦また、南多摩地区や狭山―入間地区では、少ないながら、「在来種が多い」が存在したことは注目に値する。

ところで、調査地域では都市域は徐々に郊外部分を侵食して範囲を広げつつあるが、おおざっぱには東京23区地区、西南千葉地区、川崎市街地区の各地区の大部分は、東京首都圏の都市域をなしていて、他の地区はその郊外部分にあたる。湾岸地帯では商工業や住宅用地としての造成が古くから行われ、現在も進行中である。

調査の結果から全体的な傾向としては、これまでの研究から得られたと同様に、外来種は調査地域の東寄りにある都市部に多く、在来種は西寄りの郊外に多いという共通するタンポポ分布が確認された。

3)都市部では外来種が小群化

ところで、群落の大きさに関しては、東京23区地区と川崎市街地区では、調査区画の約半数が「小群落（単独を含む）」であった。西南千葉地区でも、「タンポポなし」と「小群落」の区画は合わせて40%を超えた。一方、南多摩地区や狭山—入間地区では「小群落」は全区画の1／3を下回り、中位の群落サイズの区画は2／3あるいはそれ以上であった。また、全区域を通じて、大群落が存在する区画は6・9%であった。

このことと前項の勢力比とを重ねると、東京23区地区では「群落の規模は小さく外来種優勢だが少しは在来種もある」という区画が半数程度存在する点に特徴が見られる。これは東京23区地区では、外来種が目に付くなかで、在来種が少ないながら広く点在していることを示唆している。

また東京23区地区、川崎市街地区、西南千葉地区では、「外来種のみ」で「小群落」という区画が全区画の40%～30%を占め、他地区における割合の2～3倍に当たっていた。これら都市部では、外来種といえども、小群落や単独個体に分断されていることを示している。

植生学者の奥富清さん（当時・東京農工大学）たちは空中写真の判読から、東京周辺の地表面の舗装率が郊外で低く（南多摩地区の八王子で0・2〜74・6％、平均6・9％）、23区地区で高くなる（都心の日本橋で33・2〜99・0％、平均90・4％）と、既に1975年に報告している。これによれば、巨大都市東京の都心では、植物が根をおろし生育する空間がたいへん少ないということになる。したがって、タンポポに対する都市化の主要な影響は、生育できる空間の減少と言える。それはまず、都市化以前から生育していた在来種の個体群の分断と消滅という形をとった。加えて、植物の生育できる空間の減少は、外来種にとっても群落サイズの小規模化と、分断による空間的孤立化をもたらした。

一方、郊外では在来種の中位の群落サイズが連続的に認められた。すなわち、南多摩地区では、「外来種が多く」「中群落」の区画数が43・4％、「在来種・外来種が同じ位」で「中群落」が22・6％、「在来種が多く」「中群落」も2・8％あった。北西多摩地区と狭山―入間地区では、「外来種が多く」「中群落」の区画数と「在来種・外来種が同じ位」で「中群落」の区画数を合計した値が、それぞれ45・3％、51・1％に達した。東京の郊外では、果樹園や他のオープンスペースを含めた農業地帯が広く分布し、在来種タンポポはそこで群落を維持しているように見える。これは、人間による土地利用のようすが、タンポポの侵入や維持に大きな影響力を持っていることを示唆している。

4)外来種は本当に強いのか？

在来種との比較における外来種の優位性については、前に述べたように千葉大学の大賀宣彦さんが、何年か後には外来種が在来種を圧倒するという計算をしている。弘前大学の沢田信一さんらは1982年の論文で、弘前の果樹園では草刈り後の葉の再生速度が外来種では速いことから、外来種はすみやかな地上部の回復によって草刈りへの対応をしていると評価している。

だからと言って初夏に行われる草刈りの後に葉を再生させるのが遅く、夏の間に旺盛な生育ができないことは、在来種にとっては必ずしも特段の不都合とは言えない。と言うのは、冬に雪がほとんど積もらない関東地方以西では、第5章で示すように在来種は夏には葉を落として休眠的に過ごし、秋から冬を経て春までを主要な生育期間としているからである。すなわち、夏は在来種にとって主要な生育期間ではないのである。同様に、雪をかぶる本州中部の山地でも、在来種（エゾタンポポ）は他の植物が繁茂するのに先立って、雪解けと同時に早春から生長を開始する。

1980年代の調査から得られた地理的分布の事実からは、タンポポの交代現象を2種の競争として説明することはできない。むしろ、在来種が東京都心部で少なく、郊外部で相対的に多いのは、東京の自然史研究会の品田穣さんが1974年の著書で提唱した、東京の都市の拡大とともに土着の動物が姿を消していった「都市化に伴う生物の退行曲線」と共通の現象と考えても矛盾はない。すなわち、都市化による生育地面積の減少とそれに伴う植物の消滅の可能性である。

ところで、植生学者の宮脇昭さん（当時・横浜国立大学）の１９６８年の著書によれば、外来植物は人や物資の出入りに伴って港や空港から広がることが多いという。タンポポの場合もそうであるとすれば、次のような仮説を考えることができよう。

外来種タンポポは東京圏では東京湾岸にまず侵入し、各地に広がった。そして、どちらが多いかという勢力比分布図からは、１９８０年代の時点で西端の南多摩地区などの郊外地で在来種と競争を展開していたということになる。

一方、東京に外来種タンポポが侵入してからこの調査が行われた１９８０年の時点まで、長田武正さんの『日本帰化植物図鑑』（１９７2年刊）の記載から計算すると50年程度の時間がたっている。私は１９７０年代後半に、調査地区である北多摩地区のさらに西方約20㎞にある奥多摩の標高１、３００〜１、４００ｍにあるブナ林のなかの倒木によるあき地（シカが寝床として利用しているので草丈がごく低い場所）で外来種タンポポが生育しているのを確認している。そこは東京都の西端に当たり、東京湾からは70㎞程に位置する。したがって外来種タンポポの到達速度は単純計算でも１年に１・４㎞以上ということになる。そうであれば50年という時間は、湾岸からの距離が50㎞に満たない調査地区全域に外来種が到達するのに計算上は十分過ぎると考えられる。外来種タンポポがすべての生育環境へ侵入できる能力を持つならば、この時点で東京の郊外全域に広がり、生育地を占有し、在来種と置き換わっていたはずである。

しかし南多摩地区では調査時点で、いまだ在来種は広く分布し、外来種が少ないところさえあった。また東京23区地区でも、高率ではないが、20%の区画で在来種の存在が確認された。つまり、こうした事実は外来種がどこででも在来種に優越するのではなく、場所によっては外来種の侵入が抑えられていることを示しているのである。

第3章◉タンポポの生える場所

路傍か野原か？

タンポポの生育地について、図鑑的記載にはたとえば次のようなものがある。植物分類学者である北村四郎さんほかによる１９５８年の『原色日本植物図鑑』では、「道ばたや人家の近くにある（シロバナタンポポ）、道ばたにごく普通（カンサイタンポポ）、路傍や人家の近くに多い（セイヨウタンポポ）」、植物研究家である富成忠夫さんによる１９７４年の『春の花』では、「野、道ばた（カントウタンポポ）、道ばたや人家の周辺（セイヨウタンポポ）、道ばた（シロバナタンポポ）」と記載され、また植物分類学者の林弥栄さんによる１９８３年の『日本の野草』でも、「道ばた、野原（カントウタンポポ、エゾタンポポ、シロバナタンポポ、セイヨウタンポポ）、道ばた（カンサイタンポポ、トウカイタンポポ）」と記している。

道ばたは共通して認識されているものの、実際に路傍と区別して人家の近くといっても具体的区別がイメージできないし、それら以外の場所に生育していないかというと、決してそうではない。どんな場所にタンポポが生えるのか、路傍以外の場所を含めて、生育地のようすによる出現頻度などの定量的把握は行われて来なかった。生態学者の沼田真さん（当時・千葉大学）と吉沢長人さんは1978年の『日本原色雑草図鑑』で、セイヨウタンポポは道ばた、あき地、庭などに生育し、樹園地や畑地の害草であり、カントウタンポポは野原や土手、道ばたなどに多く生育すると記載している。ここでは農地や土手も認識されているが、どこまで両種の生育地の違いを確かめたのかは判断できない。

一方、植生学者の宮脇昭さんは1983年の『日本植生便覧』で、北海道の路上多年生草本群落のひとつであるセイヨウタンポポ―オオバコ群集を特徴づける種（標徴種《ひょうちょうしゅ》または区分種）としてセイヨウタンポポ、ナガハグサ、カモガヤなどをあげている。植物群落を、構成する植物の種類で分類するとき、植生学では「○○群集」という名前をつける。その「標徴種」または「区分種」とは、その群集に特有の種として、多数の植物社会学的調査事例から帰納的に導かれたものなので、少なくともセイヨウタンポポの所在を示すひとつの確かな記述と考えられる。すなわち、外来種は北海道の路上に特徴的に生育するということである。

外来種の原産地のひとつと考えられるヨーロッパにおいては、イギリスにおいていわゆるセイヨウタンポポ類は放牧地に、アカミタンポポ類は乾燥ぎみの草地、歩道ぎわ、岩の露出地に多いとの報告がある。また先にふれたように、オランダでは谷間などの地形によって生育するマイクロスピーシーズ（微小種）に違いがあるので、マイクロスピーシーズがそれぞれ温度や湿度の異なる生育地を選択していると推定されている。タンポポ研究者であるオランダのステルクたちは、ヨーロッパのマイクロスピーシーズは種によって土壌水分と窒素分の要求性が異なり、とりわけ窒素分で生育の許容幅の差異が著しいことを示して、許容性の幅の広いものをジェネラリスト、狭いものをスペシャリストと呼んだ。彼らによると、ジェネラリストはより粗放的な牧草地に生え、多くの家系（クローン）を持つという。さらにステルクは1987年の著書で、タンポポの生育地として放牧地や公園、路傍などをあげている。やはりタンポポ研究者のデン・ニジズたちは1990年の論文で、チェコスロバキアでの野外個体群の調査から、当たり前に受精をするタンポポである2倍体の個体が多い地点のようすとして、堤防、管理された芝地、湿った草地、肥沃な牧場、河川敷、村のよく刈られた芝地、道路端、乾燥した牧場をあげている。これらは、経験的に知られている日本におけるタンポポ類の生育地と類似するように思える。

一方、より広域的に見ると、ヨーロッパの2倍体種がかつての氷河に沿って南ヨーロッパに偏在しているのに対し、単為生殖タイプの高次倍数体が北ヨーロッパにも分布していながら、両者が混生している場合もあり、生育地が必ずしも生態的要因で分けられるだけでなく、過去の地理・地形や気候、あるいは種の分化の歴史に関係するかも知れないとの指摘もある。

このように生育地の条件に関しては、土壌の栄養塩類や水分のデータといった環境要因を取り出した議論はあるが、人間の干渉にかかわる定量的なデータはなく、また、いわゆる都市的環境についての関心はヨーロッパでは薄いように見える。

そこで本章では、在来2倍体種と外来種タンポポの生育地について、人間の土地への干渉を表している土地利用形態とタンポポの有無という側面からの検討を試みた。

人間による干渉

(1)土地利用形態調査

タンポポの生育地は人為的影響を多かれ少なかれ受けている場所なので、タンポポの生育地（またはタンポポがない場所）とは人にどのように利用されている土地なのか、すなわち土地利用のあり方に注目してみよう。じつは、前章で紹介した分布調査１９８０（１９８０年〜１９８２年の春季）の折りに、同時に調査地点がどのような場所であるのか、すなわち人間による土地利用形態を調査した。

調査地域は前述の通りであるが、その中で調査地点数が多い①南多摩地区、②北多摩地区（北西多摩地区と狭山―入間地区を合わせた地域をここでは北多摩地区と呼ぶことにする）、③東京23区地区の3地区について、それぞれの土地利用形態の地域的差異を比較・検討してみた。

タンポポ調査の調査者は、あらかじめ地形図上で東西南北500mごとに機械的に決められた調査地点のうち、分担を指定された地点に到達すると、前章でふれたようにタンポポの種類と生え方についてチェックするとともに、調査票に用意された調査地点の土地利用形態を、図表4に示す19の選択肢から選択した。なお、同一調査地点で複数の土地利用形態が見られる場合は、複数の項目を選択可能とした。

これらの土地利用形態における、人間による土地へのインパクトを考えてみよう。平塚市タンポポ分布調査会は、在来2倍体種の生育地が外来種の生育地より共存植物の種類が多い傾向を1980年に指摘した。共存植物の多少という観点から見ると、調査したもののうち、家の庭、児童公園、校庭、グラウンド、駐車場は、一般に都市化に伴ってもとの植生と表土が取り除かれた、共存植物が少ない場所と考えることができる。路傍および線路ぎわは、都市でも田園でも交通による攪乱を受けた場所であり、都市化の進行とともに特に近郊で増加している場所と考えることができる。一方、耕作地、休耕地、果樹園、牧草地は、農業的管理下で近年の土地改変を比較的受けない、共存植物が比較的多い場所と考えることができる。庭園は東京23区地区では残された緑地を含み、

図表4：土地利用形態の選択肢

1．家の庭	2．児童公園	3．庭園	4．寺社の境内
5．墓地	6．土堤	7．石がき	8．路傍
9．校庭	10．グラウンド	11．あき地	12．耕作地
13．休耕地	14．果樹園	15．雑木林	16．牧草地
17．線路ぎわ	18．駐車場	19．その他	

また寺社の境内、墓地、土堤は新設されたものを除くと近年の劇的土地改変から比較的よく保存されてきた場所と考えることができる。あき地は、人間の利用の合間にあって、文字通り植物的にも空いた土地であることが多く、新参の植物の進出定着に適した場所と考えられる。「その他」は調査票からは内容を特定できないものである。

⑵場所ごとの出現頻度

調査した地点でどれくらいの割合でタンポポが見られるか、すなわち出現頻度を、まず全調査地点について見ると、タンポポ類は76・6％の地点に出現し、その多くが外来種であった。

それぞれの土地利用形態で、出現頻度を算出してみると、在来種は雑木林と牧草地ではやや高いものの、他では30％以下の地点でしか見られなかった。

一方の外来種は、雑木林と牧草地以外のほとんどの土地利用形態で50％以上の出現頻度を示した。特に高い出現頻度が見られたのは、駐車場、あき地、児童公園、線路ぎわおよび路傍という、ほとんどの日本人にとって日常生活圏において出会っている土地利用形態であった。これらの事実は、日本において外来種タンポポの分布が広がっているという共通的印象をつくりあげた主な要因と考えられる。ともかく、外来種はほとんどの土地利用形態で出現頻度が50％以上であったのだから、確かに、外来種タンポポがよく見られるわけだ。

次に地区別に見ると、得られた有効な調査票数（地点数）は、南多摩地区で1、824、北多摩地区で2、125、東京23区地区で1、996であった。なお、これらの数字は「タンポポなし」という地点の数も含んでいる（付章2を参照）。

まず在来種は、東京23区地区では庭園と土堤で出現頻度がそれぞれ22・2%、12・7%あったが、他の16の土地利用形態では7%未満と低かった。なお、東京23区地区の「庭園」のうち2か所（浜離宮庭園および旧赤坂離宮の庭）では、在来種の大群落が認められた。北多摩地区では在来種の出現頻度はやや高くなり、南多摩地区では果樹園での64・4%を筆頭に、ほとんどの土地利用形態で他地区より高くなっていた。

要するに、多くの土地利用形態で在来種は、東京23区地区、北多摩地区、南多摩地区の順に、出現頻度が大きくなっていた。

一方外来種は、東京23区地区ではあき地で90・6%など、高い出現頻度を示した。北多摩地区でも、外来種の出現頻度はあき地などで、東京23区地区と同様に高い傾向が見られた。南多摩地区でも外来種は、東京23区地区で示したのと同じ土地利用形態であるあき地などで、84・1%などと高い出現頻度を示した。また、南多摩地区では外来種も、庭園や寺社の境内など10の土地で、他地区と比較して出現頻度の最高値を示した。

要するに、外来種はいずれの地区においても高い出現頻度が見られたが、とりわけ南多摩地区で、在来種と同様に、多くの土地利用形態で、最も高い出現頻度を示した。

(3)本当に競争はあったのか

前項の調査結果は、多くの土地において外来種の方が在来2倍体種より高頻度で見られることを示しているが、それは外来種が在来種との競争に勝って置き換わり、勢力を広げているからだろうか。1970年代からマスコミ等によって流布されてきた「外来種が在来種を駆逐している」いう考えには、両種の生活形態から見ても、おおいに疑問があるところだ。

周知の通りタンポポは、地ぎわから葉を出すロゼット型の形態を一生持つため、草丈が常に低く、一方でその葉が強力に地表を占有して他の植物を覆ったり排除するような性質を持たないため、他種との直接的競争を行いにくい。またタンポポは多年草であるため、生育地に長期にわたって生育することができ、短期間に侵入者が既存のタンポポに置き換わることは困難と推定される。さらには、両種の個体が長期にわたり共存する事例も見られることから、一方が毒を出して他方を排除するアレロパシーの存在を考えることも合理的ではない。こうした諸点が、駆逐説に疑問があるゆえんである。

「外来種が在来種を駆逐している」いう考えには、じつは前項の土地利用形態とタンポポの出現頻度との調査結果からも疑問が出てくる。なぜならば、第1に、両種とも出現頻度が土地利用形態によって異なる点である。つまり、土地利用形態によってタンポポの見られる頻度がまちまちなので、両種の勢力比はどこでも一定ということにはならないのだ。両種間における単純な競争とは別に、それぞれのタンポポの生育地選択に土地利用形態が密接にかかわっているということが言える。

第2に、仮に競争の効果が顕著であるとすれば、共通の生態的要求性をめぐって、片方の種類の増加は他方の種類の減少と対《つい》になっていなければならない。そうであれば、在来種の出現頻度が南多摩地区で最も高く、北多摩地区、東京23区地区と順に低くなっているので、外来種の侵入はこの逆の順に起こったと考えるのが合理的である。

ところが、あき地についてはこうした競争を想定することも可能であろうが、家の庭、児童公園、庭園、寺社の境内、路傍、校庭、休耕地、果樹園および線路ぎわの9の土地利用形態については、外来種の出現頻度は高いはずの東京23区地区で最も低くなっている。また前述のように庭園、寺社の境内、墓地、駐車場など10の土地利用形態については、在来種の出現頻度が最も高い南多摩地区では外来種の出現頻度が最も低いはずであるのに、他地区と比較して最も高い。これらの事実は、すなわち外来種が在来種との競争に勝って置き換わって広がったという仮定と明らかに矛盾している。

生えやすい場所、生えにくい場所

土地利用形態別のタンポポ出現頻度は、各土地利用形態に対するタンポポの結びつきをある程度反映していると考えられるが、一方で前章で検討した地理的分布の調査結果は、在来種の個体および個体群の数が絶対的に少ないことと、極在していること、逆に外来種は広く分布していることを示した。したがって、外来種の種子が各調査地点に到達するのが容易であるのに対して、在来種に関しては限られた範囲にしか存在しないので、到達可能な調査地点数がたいへん少ないと考えられる。これではほとんどの場所で、必然的に外来種が在来種より高い出現頻度を持ってしまう。在来種はもともと少ないのだから、出現頻度が大きくなりようがない。それで、単なる出現頻度の大小では、各土地利用形態とタンポポとの結びつきを十分示すことは難しい。そこで、次のような比較を試みた。

すなわち、在来種または外来種タンポポの生育する地点だけについての、土地利用形態ごとの出現頻度の比較によって、それぞれのタンポポの土地利用選択の特徴を示すことが期待される。

そこで、タンポポなしを含めた全調査地点における各土地利用形態の割合（土地利用形態の出現頻度）と、在来種（または外来種）の生育地点だけについて同じ土地利用形態の地点数の割合（タンポポのある場所の出現頻度）を比較してみる。もし前者と後者が一致すれば、土地利用形態とは無関係にタンポポが存在することになり、後者が前者より有意に大きければ、その土地利用形態で在来種（または外来種）が出現しやすいことになる。逆に有意に小さければ出現しにくいということになる。

全調査地区について結果を見ると、外来種が出現しやすい土地利用形態は路傍、駐車場など5形態、出現しにくいのは、耕作地、雑木林および「その他」であった。すなわち、外来種が出現しやすい土地利用形態は都市的であり、出現しにくい土地利用形態は農地など田園的傾向が強い（図表5）。

一方、在来種が出現しやすい土地利用形態は耕作地、寺社の境内など7形態、出現しにくいのは、路傍、駐車場など4形態であった。外来種とは正反対に、在来種が出現しやすい土地利用形態は農地など田園的であり、出現しにくい土地利用形態は都市的傾向が強い。それらに加えて、在来種が出現しやすい土地利用形態に寺社の境内、墓地がある。これらの場所は、都市・農村を問わず、比較的保存されてきた土地であることが多い。

なお、地区別にも場所ごとの出現のしやすさ・しにくさを検討してみた結果、特筆すべきこととして、全域での出現傾向とは異なるケースが2つ認められた。すなわち、東京23区地区の路傍で外来種は出現しにくくなっていた。また、南多摩地区では、耕作地などとともに路傍やグラウンドでも在来種の出現のしやすさが認められた。

次に群落サイズ別の出現に注目すると、外来種の小群落は、家の庭などで出現しやすく、大群落は、児童公園などで出現しやすかった。当たり前のことだが、おおまかには外来種の小群落は狭い場所、大群落は面積がある場所に出現すると言える（図表6）。

図表5：タンポポが生えやすい場所、生えにくい場所
（Ogawa and Mototani、1991のデータによる）

	出現しやすい土地	出現しにくい土地
外来種	路傍、あき地、駐車場、児童公園、線路ぎわ	耕作地、雑木林、「その他」
在来種	耕作地、雑木林、土堤、休耕地、果樹園、寺社の境内、墓地	路傍、家の庭、駐車場、児童公園
タンポポなし	耕作地、雑木林、「その他」	

在来種は小群落、大群落とも、耕作地で出現しやすかった。また出現しにくいところとして小群落、大群落とも、路傍と駐車場があり、在来種の方は、群落の大きさにはかかわらずに、出現しやすい場所と出現しにくい場所が決まっていると言える。

タンポポはどのような土地を選ぶか

外来種の出現しやすい路傍などでは、都市化による造成など相対的に大規模な土地の攪乱を受けた可能性が高く、その後の利用圧もあって共通して共存植物が少ないと考えられる。小群落の外来種タンポポは、家の庭など比較的小規模な場所に出現しやすかった。開発や都市化の過程で路傍などがつくられていくことを考えると、これらを伝わって、外来種が元の植生の失われた場所へ到達すると推定できる。大群落になると、児童公園など面的広がりを持つ場所に出現しやすかった。これらの場所では、群落を大きくするのに十分な空間が確保されているのであろう。果樹園は外来種の大群落が出現しやすい唯一の農業的土地利用形態である。弘前大学の沢田信一さんたちが述べているように、頻繁な草刈りが

図表６：群落の大きさと土地利用形態
（Ogawa and Mototani、1991のデータによる）

	出現しやすい土地	出現しにくい土地
外来種小群落	家の庭、路傍、駐車場、石がき	土堤、あき地、耕作地、果樹園、雑木林、「その他」
外来種大群落	児童公園、土堤、グラウンド、果樹園	家の庭、寺社の境内、路傍、耕作地、雑木林
在来種小群落	耕作地、雑木林	家の庭、路傍、駐車場
在来種大群落	耕作地	路傍、駐車場

果樹園への外来種の侵入・存続を可能にしていると考えられる。

その一方で、外来種は耕作地や雑木林で出現しにくかった。これらの場所には、作物や辺縁の雑草、木々や林床《りんしょう》植生が存在し、耕作中の空間を除いて草刈り頻度があまり高くなく、生育植物が豊富であると考えられる。

在来種は、寺社の境内や耕作地などで出現しやすかったが、特に、耕作地において大群落が出現しやすかった。寺社の境内、墓地、土堤は、相対的には大規模な土地攪乱を受けなかった場所であろう。また、在来種の群落が見られた東京23区地区の一部の庭園は、大都市の中にあって明らかに保存されてきた空間である。休耕地、果樹園は耕作地、雑木林と同様に草刈り程度の比較的小規模な人間の利用圧のもとにあり、在来種の保存が可能であったと考えられる。耕作地においては、辺縁に雑草が生育できる路肩や斜面などが存在するので、在来種が連続的に分布し、大群落が出現できる空間が残されていたと考えられる。特に南多摩地区で、耕作地などとともに路傍やグラウンドで在来種の出現しやすさが認められたのは、周辺部にそれらが多く存在するため、そこを種子供給源として、新たに形成された空間に、外来種のみならず在来種も侵入できたと考えられる。

以上のことを一言で表現すれば、植物相が「単純な土地」あるいは人間が「単純にしてしまった土地」にのみ、外来種が進出可能なのである。

第4章◉10年後の調査から

10年間の推移を見る

第2章、第3章で述べたように、各地で行われてきたタンポポ調査は、タンポポの交代現象の原動力は人間による環境改変（特に生育地の物理的攪乱）であることを強く示唆してきた。そこでタンポポの交代現象の実態、特に都市化と関連した時間的推移をより具体的に明らかにするため、南関東において、１９８０年代の調査から10年後に、基本的に同一地点で同一方法によるタンポポ分布調査を実施し、比較・検討を行った。

調査は、１９９０年に多摩川以南の①南多摩地区、１９９１年に多摩川以北の北西多摩地区、狭山—入間地区（地理的連続性から、北西多摩と狭山—入間地区をあわせて一地域として整理した。本章では以下、②北多摩地区と呼ぶことにする）、1992年に③東京23区地区で行った。なお、1980年代に調査した川崎市街地区、西南千葉地区および東南埼玉地区は、労力の制約から調査対象としなかった。調査はのべ150名の学生・市民によって行われ、有効調査票数は地区別に、南多摩地区で1、619、北多摩地区で1、969、東京23区地区で1、846であった。

分断され孤立する

まずタンポポの勢力比、すなわち、地区ごとにどちらが多く見られるかについては、東京23区地区では外来種単独がほとんどであり、他の地区では外来種が多く、在来種も少ないながら存在した。都心に外来種が圧倒的に多く、郊外部に在来種が見られるという地理的分布の傾向は1980年代と同様であるが、南多摩地区、北多摩地区で外来種の優位性がより顕著となった。これを数量的に表現するため、1980年代と1990年代ともに調査できた共通調査区画について内訳を整理した（図表7）。

図表7：タンポポ調査80'—90'共通区画における勢力比の変化
（小川・本谷，2000）

	タンポポなし	外来種のみ	外来種が多い	半々	在来種が多い	在来種のみ	区画数
南多摩80'	0％	9％	61％	28％	2％	0％	106
90'	0％	42％	48％	10％	0％	0％	
北多摩80'	0％	28％	62％	9％	1％	0％	109
90'	5％	43％	49％	2％	1％	0％	
23区 80'	0％	77％	23％	0％	0％	0％	104
90'	0％	75％	22％	3％	0％	0％	

南多摩地区では共通調査区画数106について、外来種もあるが在来種が優勢である区画は2％から0％となり、在来種外来種同程度の区画数が28％から10％に、在来種もあるが外来種が優勢である区画は61％から48％に減少し、外来種のみの区画数は9％から42％に増加した。同様に北多摩地区でも共通区画109について、外来種のみの区画数が増加し、他の勢力比の区画が減少した。

一方、東京23区地区では共通区画104について、一部で在来種が増える区画があったものの、勢力比の大きな変化は見られなかった。この結果は、郊外地域では在来種が激減し、外来種は勢力を西へ伸ばし、外来種の相対的優位が強まったといえる。

次に、群落の相対的な大きさの変化に注目すると、地理的には東京23区地区の東京湾沿岸部を中心として、単独個体または小群落（多くが外来種のみ）が分布する傾向は10年前と同様であった（図表8）。

内訳を見ると、南多摩地区では中群落が5％減少し、小群落と大群落がわずかに増加した。北多摩地区では中群落が6％減少し、小群落やタンポポなしの区画が増加した。東京23区地区では中群落が9％減少し、

図表8：タンポポ調査80'ー90'共通区画における群落サイズの変化

（小川・本谷，2000）

		タンポポなし	小群落	中群落	大群落	区画数
南多摩	80'	0％	28%	67%	5％	106
	90'	0％	30%	62%	8％	
北多摩	80'	0％	33%	72%	1％	109
	90'	5％	34%	66%	1％	
23区	80'	0％	49%	50%	1％	104
	90'	0％	58%	41%	1％	

小群落が増加した。外来種の勢力が強かった東京23区地区では、タンポポは大群落を形成しているわけではなく、中群落から単独個体または小群落への移行が見られ、個体群としては分断され孤立する傾向が認められた。

この結果を、外来種が１９８０年代から10年かけて、東京周辺において分布域を都心からようやく西方の郊外に地理的に拡大する過程にさしかかったと読み取るむきもあるかも知れない。しかし、そう考えるには難がある。なぜなら、第3章でふれたように、１９７０年代末に調査地域のさらに西奥で外来種が見られていることから、外来種は当時すでに地理的には東京の郊外に広く行き渡っていたのである。

では、外来種と在来種のどちらが多いかという勢力比以外の視点で、タンポポの存在を表す何か量的な指標がとれないだろうか。そこで次に、タンポポが調査地点の何パーセントで見られるかという出現頻度の比較をしてみよう。

在来種が激減する

１９８０年代と１９９０年代を比較してみると、東京23区地区では混生地点を含めた在来種の出現頻度がやや高まったが、たいした変化はなかった。10年間の変化として特徴的なのは、在来種が南多摩地区で27・4％から13・3％へ、北多摩地区で16・2％から8・9％へと、ほぼ半減したことである。

外来種は北多摩地区では66・7％から69・9％へと微増したが、南多摩地区では75・3％から71・8％へと外来種も3・5％減少し、タンポポなしが増加していた。南・北多摩地区において、外来種の出現頻度は微減または微増ということで大きな変化は見られなかったわけだが、在来種の出現頻度が半減した結果として、前項で示したように外来種が勢力比としては著しく増大したことになったのである。

路傍の減少とタンポポの減少

タンポポが地区ごとにどの程度の割合で見られるかという出現頻度の10年後の変化を、生育地の変化との関連で見てみよう。地区ごとに、各土地利用形態が1980年代から10年後の1990年代に増減した割合と、それぞれのタンポポが生育する地点の土地利用形態の増減の割合を比べてみる。前者が統計的に有意に増加（または減少）したとき、後者も同様に増加（または減少）していれば、土地利用の変化に応じてタンポポの出現頻度が変化したことになる。

南多摩地区において、在来種は、土地利用形態そのものが少なくなった

図表9：南多摩地区における土地利用形態の増減と在来種

（小川・本谷，2000より整理）

	在来種が増加した土地利用	在来種が減少した土地利用
減少した土地利用		路傍、あき地、雑木林、耕作地、休耕地、墓地
増加した土地利用	「その他」	駐車場、校庭
変化なしの土地利用		果樹園、線路ぎわ、寺社の境内、グラウンド

路傍など6形態で減少したほか、駐車場など6形態においても減少した。在来種が有意に増加した土地利用形態は、「その他」のみであった（図表9）。

一方、外来種は、土地利用形態そのものが少なくなった路傍など6形態で減少したほか、土堤および線路ぎわでも減少した。外来種が増加したのは、駐車場、児童公園、校庭および「その他」で、これらはいずれも、有意に増加した土地利用形態であった（図表10）。

両種とも、少なくなりつつある路傍や耕作地などで減少し、外来種は増加した駐車場等で増加していて、土地利用形態と並行したタンポポの増減があったことになる。ただし、在来種は増加した駐車場では減少を示した。同様の結果は北多摩地区でも見られた。また、在来種が有意に増加した土地利用の形態はなかった。ただし、北多摩地区では増減に変化がない家の庭、寺社の境内などで在来種の出現頻度が、同じく校庭で外来種の出現頻度が減少した。

東京23区地区の場合は、この10年間の変化としては、在来種が微増したものの、10年間の変化は他地区と比較して小さかった。在来種は出現地点

図表10：南多摩地区における土地利用形態の増減と外来種

（小川・本谷，2000より整理）

	外来種が増加した土地利用	外来種が減少した土地利用
減少した土地利用		路傍、あき地、雑木林、耕作地、休耕地、墓地
増加した土地利用	駐車場、児童公園、校庭、「その他」	
変化なしの土地利用		土堤、線路ぎわ

数が少ないため、有意な増減が確認された場所は以下の2つのみであった。すなわち、土地利用形態として減少し、それとともに在来種が並行して減少した土堤と、土地利用形態としては減少したものの在来種が増加した路傍であった。外来種は、土地利用形態の増減と並行して、路傍などで減少し、駐車場、児童公園などで増加した。ただし、土地利用形態としての増減がなかった寺社の境内で減少した。

以上の結果をまとめると、東京23区地区の在来種を例外として、共通して言えることは、いずれの地区でも、減少した路傍や耕作地などにおいてタンポポの出現頻度が減少していたことと、内容を特定できない「その他」を別にすると、在来種が増加した土地利用形態はなかったということである。また、外来種は土地利用形態の増減と並行して増減する傾向があった。

10年間の変化について

(1)土地のあり方とタンポポの消長

1980年代調査の結果からは、在来種の生育拠点は耕作地、休耕地、雑木林、果樹園、土堤、寺社の境内、墓地、庭園であり、外来種の生育拠点は路傍、あき地、駐車場、児童公園、果樹園、グラウンドであった。出現頻度から見て、南多摩地区および北多摩地区では、この10年間に在来種が半減したが、とりわけ南多摩地区では、在来種の生育拠点であった耕作地、休耕地、路傍、墓地、雑木林の有意な減少がその理由であったと考えられる。また、増減がなかった寺社の境内、果樹園も在来種の生育拠点であったが、これらの土地での在来種の減少は、これらの場所が見かけの土地利用形態は同じでも、土地の利用・管理上の何かしらの質的変化があったか、一方で失われ、一方で新設されていた可能性も考えられる。北多摩地区でも同様に、在来種の減少に耕作地の減少が寄与していると考えられる。また家の庭のように、地点数が増えているにもかかわらず在来種の出現が減少しているのは、新設された庭に在来種が侵入しにくいことを示している。新潟大学の森田竜義さんたちの1990年の論文によると、当たり前に受精して子孫をつくる在来2倍体種は自家不和合性が強い。それで第7章で詳述するように、集団を維持していないと種子稔性（完熟種子の割合）がきわめて低いか不安定なので、生育地の激減・分断が分布の拡大を阻んでいる大きな要因と考えられる。

北多摩地区では外来種の出現頻度の増減は、おおむね土地利用のあり方の増減に対応して見られた。すなわち、生育拠点である路傍やあき地の減少に伴う減少はあったものの、駐車場の増加に対応して増加していた。南多摩地区では、外来種の生育拠点である路傍やあき地の減少と駐車場の増加が見られたが、路傍やあき地の減少が外来種の減少をもたらしたと推定される。

なお、土地利用形態のうち、内容が特定できない「その他」については、データの直接的検討対象とはしていない。「その他」は各地区で増加していたが、主として外来種の出現頻度の増加と対応していた。1990年代の調査では、1980年代の調査における「その他」に該当する土地利用形態を把握するため、「水田」、「河原」などの項目を追加してみたが、それらが選択された割合は小さく、あいかわらず「その他」が選択されてしまった。一部の「その他」の自由記載には、建物の存在や資材置き場、造成中といった記入があったので、「その他」のある部分は、人間による土地の占拠や破壊がある場所であると示唆された。「その他」のこうした性格を考えると、南多摩地区で在来種が「その他」で増えたのは、10年前に生育拠点だった場所が改変されたあとにまだ在来種が残存していた、いわば消滅の過程を示していたとも考えられる。

⑵種子供給源の重要性

在来種タンポポの減少は、主として農業的土地管理のある耕作地などや保存的土地のある宗教施設などの生育拠点が失われた結果起こったと考えられる。また、1980年代の南多摩地区における路傍等への在来種の有意な出現傾向と、1986年と1996年に報告された「都市化率の小さい地域では農地以外でも在来種の出現率が高い」という㈳大阪自然環境保全協会タンポポ調査委員会の1970年代半ば以降の大阪における調査事例とはよく符合する。つまりこのことは、1980年代までの南多摩地区においては、在来種の種子供給源が存在していたため、路傍等への在来種の進出が可能であったことを示唆している。これに対して1980年代以降では、在来種が半減し、新設された家の庭等では周辺からの種子供給が失われ、これらの地点への在来種の進出が不可能となったと考えられる。

一方、森田さんの1987年と1988年の報告によると、外来種は無融合生殖により受精なしに種子形成を行う（すなわち、他個体との遺伝子の交流がないまま種子形成を行う）ので、1株あれば繁殖が可能である。しかも、京都大学の 堀田満さん（現・鹿児島大学）の1977年の論文によると外来種の痩果（タンポポのいわゆる「たね」のことで、正確には果実なのだが、タンポポでは果肉がなく、種子に果皮が直接かぶった形をしているので、痩せた果実の意味で痩果という）は相対的に軽いため種子散布能力が大きいので、造成などの土地攪乱の後造られる駐車場、児童公園などの生育拠点の増加に対応して増加していると言える。しかし、南多摩地区では路傍、あき地といった生育拠点が減少して、外来種自身の出現地点数も減少した。南多摩地区では1990年の調査において、1980年と同一地点の調査であるにもかかわらず、調査地点や周りのようすが全く変わってしまったケースにしばしば遭遇した。調査期間の10年間にニュータウン建設や区画整理が進行し、かつて存在した農道やあき地の多くの部分が失われたと推定される。

今回の定点における継時的調査の結果は、在来種の減少が外来種の増加と時間的に同調していないこと、つまり、明らかに外来種の進出とは別のタイミングで、在来種の減少が起こっていることを示している。また各地区において、タンポポの群落サイズに減少傾向が見られたり、調査地域全体のデータでタンポポなしが増加したのは、在来種が激減するような大規模の土地改変や都心の再開発が、同時に外来種をも排除したり分断・孤立化させたことを示している。

以上の結果および検討から明らかなように、競争の結果として外来種が在来種を駆逐して置き換わり優位にたつという考えではタンポポの交代現象を全く説明できない。1980年代から1990年代への10年間に、生育拠点であった農業的環境の減少に伴って在来種が激減し、外来種が相対的に優位となったのが真相である。この在来種の勢力が時間とともに都心から西の郊外へ後退していった現象は、東京の自然史研究会代表の品田穣さんが1974年に発表した著書のテーマである生物退行曲線、すなわち、都市開発の進行とともに時間を追って、小動物や昆虫の生息域が都心から西へ退いていく現象と酷似している。また、大東文化大学の和田優さんの1980年の指摘を採用すれば、1970年代より続いている開発の結果ということになる。

このように、在来種の減少が外来種の存在によって起こったわけではないこと、在来種の個体群の存続に生育地の保全が重要であることが、あらためて明らかとなった。

第5章◉タンポポの季節

タンポポはロゼット型といって、茎がきわめて短く地表面すれすれにあるため、すべての葉が地表面から直接出ている形態で一生を過ごす。そのため草丈が低く、どんなにがんばっても葉が垂直に立った場合の高さにしか到達できない。それで、他の植物との光をめぐる競争には不利と考えられる。したがって、タンポポの生育地については、周りにある生物的環境、つまり共存植物との関係のなかで、タンポポの側が持っている年間の暮らし方や一生のあり方といった生活史を考える必要がある。

第3章、第4章で明らかとなったタンポポの生育地特性から、外来種タンポポは人間による開発など強い影響を受けている場所に侵入していることが示された。種分化研究の大家であるイギリスのハーパーは1965年に、外来種の侵入・定着の場は植物量の少ないオープンスペースであると述べている。これに従えば、外来種タンポポの生育には、共存植物が比較的少ない、いわば生物的あき地の状態がよいと推定される。一方、在来2倍体種は農業的あるいは保存的土地利用形態の場所、言い換えると、都市化による大規模な土地改変とは異なる、草刈り程度の比較的小規模の影響を伴う土地管理または保存的な土地利用のもとに存続してきた。こうした場所には、共存植物が比較的多いと推測できる。

ではなぜ在来種タンポポだけが、共存植物が繁茂するなかに生育可能なのだろうか。そこで本章では、タンポポの生活の特徴と季節との関係、環境とのかかわりのタイミング、特に一生の出発時である種子発芽の時期について検討してみよう。

芽生えの時期

タンポポの一生の出発点は種子発芽である。では、タンポポはいつ、種子から発芽するのだろうか。東京都文京区にある東京大学本郷キャンパス内には、あき地に外来種タンポポの群落が散在していた。そこで1年間、外来種タンポポについて、いつ種子から芽生え（種子から発芽した幼植物のことを実《み》生《しょう》という）が現れるかを調べた。調査地は、時折り人が踏み込むため、夏場には膝くらいのエノコログサが部分的に倒されるといった背丈の低い草地となっていた。

その結果、実生の発生数は、主な種子散布期である春に引き続く初夏（6月を中心に7月下旬の梅雨明けまで）に95％が集中し、5％が秋季（9月中旬～12月上旬）に見られ、盛夏（7月下旬の梅雨空け～9月上旬）および厳冬（12月中旬～2月上旬）、翌春（2月中旬以降）には新たな実生の発生は見られなかった。

そこでの調査と並行して、日陰に置いたシャーレのなかに種子を播く発芽実験も行ってみた。5月に種子を播くと、1～2週間後にはほとんど発芽が完了してしまった。秋には残りのごくわずかの発芽があったものの、厳冬や翌春には発芽は全く見られなかった。

野外調査と実験から、外来種タンポポの種子は、ほとんどが種子散布期に続く初夏に発芽すること、秋にわずかの発芽があることが確認された。野外で認められた秋発芽の個体については、春につくられた種子のうち、初夏に発芽しそこなったものか、あるいは少ないながら夏や秋に開花する花からの種子によるものか、その確定はできなかった。

一方、在来2倍体種（カントウタンポポ）については、同じ文京区にある小石川植物園で調査を行った。小石川植物園は東京23区では数少ない在来2倍体種タンポポの大群落が見られる場所である。調査地はあまり密でない落葉樹の植え込みの下にあり、ギシギシ、スゲ類など背丈の比較的低い植物がまばらに生育していた。調査の結果、在来2倍体種タンポポは秋季に65％と多く発生し、次いで7月半ばまでの初夏（19％）、翌年2月中旬から開花前までの早春（16％）に出現し、盛夏および厳冬には実生の発生は見られなかった。

在来種についても並行して日陰に置いたシャーレのなかに種子を播く発芽実験を行った。5月に種子を播くと、6月末から7月半ばまでに一部の種子が発芽したが、多くの種子は秋に発芽した。盛夏や厳冬、翌春には発芽は見られなかった。

野外調査と実験から、在来種タンポポの種子は、一部が初夏に発芽するものの、秋におもな発芽期を持っていることがわかった。なお、野外で見られた翌年早春の発芽は、発芽実験では見られなかったので、それは落葉の間に種子がはさまったりなどして発芽できなかったというような、事故による遅延と考えられる。

発芽期に関して、外来種は主として6月を中心とした初夏、在来種は主として9月~12月の秋と、タンポポの種類によって大きな違いがある、言い換えれば一生の開始時期に差異があることが明らかとなった。在来種と外来種とでは、生き残り方や生長に関して、季節の条件が全く異なるのである。したがって、在来種と外来種を同じスタートラインに着かせて、「よーい、ドン」で競争させ、単純に在来種・外来種それぞれの個別の形質について量的側面からのみ計算し外来種が優れているなどと論じることは、在来種と外来種の差異を考える上で、適切な方法とは言い難い。

次に、日本産の他の主要なタンポポ類について、同様の播種《はしゅ》実験を東京で行って発芽期を確かめた。なお、比較のため、再度カントウタンポポについても播種実験を加えた。カントウタンポポの場合、種子生産期が実際は4月から6月に及ぶ幅があることを考慮して、播種時期を4月下旬から6月中旬までの4回とした。

結果は、2倍体のカンサイタンポポ、トウカイタンポポおよびシナノタンポポの種子は、カントウタンポポと同様、初夏に約20~30%の発芽が認められたが、盛夏には発芽が見られず、その後9月下旬、すなわち秋になってから発芽した。ただ、シナノタンポポだけは他の2倍体より早い8月下旬から秋の発芽が始まり、10月末に発芽は終了した。

カントウタンポポについては、やはり、初夏と秋に発芽したが、4月~5月播種の種子の初夏における発芽率は約20%で、前述の日陰で行った発芽実験の値を下回った。6月播種の種子は初夏の発芽は5%以下で、ほとんどの種子が秋に発芽した。

これらの結果から、在来2倍体種タンポポの種子はいずれも、初夏に一部が発芽し、夏季に発芽が休止し、秋に残りがいっせいに発芽することが明らかになった。また、種子生産末期の6月に播種した種子は初夏にはほとんど発芽せず、もっぱら秋に発芽することがわかった。

3倍体種のエゾタンポポは、本州中部では山地に生育し(採種場所は標高1,800m)、種子生産期が低地の2倍体種より遅れるため、播種実験の開始が6月末となり、初夏の発芽率は2倍体種より低い約10%にとどまった。そして夏季の発芽休止期の後、シナノタンポポと同じく8月下旬から秋の発芽が始まり、10月末に発芽は終了した。したがって、シナノタンポポを除く2倍体種タンポポに比べ、夏の発芽抑制効果は小さいと考えられる。なお、約40%にのぼる未発芽の種子は12月末の時点で死亡していた。

3倍体のミヤマタンポポは高山植物で、播種実験に用いた種子の生産期は8月末であったが、暑い東京の夏季においても種子発芽の休止はなく、夏の高温が続いている9月のうちに発芽が完了した。

このように3倍体種の在来種タンポポでは、山地性のエゾタンポポで夏季の発芽休止が見られるものの、2倍体種より早く発芽を開始することから、夏の発芽抑制効果は小さく、また高山植物のミヤマタンポポでは夏の発芽抑制効果は全く見られなかった。

発芽と温度

ミヤマタンポポを除く在来種タンポポは、とりわけ2倍体種が夏に種子発芽を休止することから、在来種の種子は高温下では発芽が抑制される可能性が高いと考えられる。

そこでタンポポ類の種子は何度で発芽するのか、すなわち種子の発芽適温の範囲を知るため、温度別種子発芽速度を調べてみた。発芽速度とは、

〈ある発芽率／発芽時間（その発芽率に達するのに要した日数）〉

で表される。実際の比較は、速度の逆数である発芽日数の長短で行う。つまり、ある発芽率に達する日数が短いほど、発芽速度が速い、発芽しやすいということになり、発芽時間が極度に長いということは、なかなか発芽しないということを意味する。

ところで、種子は必ずしもいっせいに発芽するわけではない。すでに見た在来種タンポポの種子で

は、初夏と秋というように種子によっては半年も発芽時間が違う。そこで平均的発芽時間を表すのに、新たな発芽が見られなくなった時点の発芽率（最終発芽率と言う）の1／2に達した日数（MGT—Medium Germination Time—50％発芽時間）を用いる。最終発芽率は温度によって異なるので、最も高い最終発芽率に達した温度におけるMGT（50％発芽時間）を基準に、この値に達する時間を各温度について比較する。

実験に用いたのは、カントウタンポポ、トウカイタンポポ、エゾタンポポ（3倍体）、ミヤマタンポポ、外来種（セイヨウタンポポ類）の5分類群である。

結果は、在来の2倍体タンポポであるカントウタンポポ、トウカイタンポポは、比較的低温である10℃および15℃でMGT（50％発芽時間）が10〜30日と短く、高い発芽速度を示し、20℃では150日以上と発芽速度が低下し、25℃で160〜220日、30℃では無限大となった。つまり、カントウタンポポとトウカイタンポポは10〜15℃で最もよく発芽し、20℃では発芽がたいへんわるくなり、25℃以上ではほとんど発芽しないことがわかった。

一方、3倍体のエゾタンポポと外来種は、低温側から20℃まではMGT（50％発芽時間）が5〜40日前後と高い発芽速度を示したが、25℃では150日以上、30℃では無限大となった。同じく3倍体であるミヤマタンポポは、10℃と30℃で多少発芽速度が低下するものの、10〜30℃の実験温度範囲を通して、MGT（50％発芽時間）が10日以下と高い発芽速度を示した。

これらの結果と、東京における盛夏の気温は最低気温で約25℃あることから、この間は低地に生える在来2倍体種の種子発芽には温度が高過ぎることになる。厳密には、種子が存在するのは地表面直下だから、気温ではなく地温を考えるべきだろう。1例であるが、梅雨明け前の7月はじめの測定では、東京における地表面下1cmの温度と地上約1・5mの気温との差は、地温が気温を下回ったときでも約2℃であった。この温度差を考慮して気温から推定すると、最低地温は7月上旬には20℃以上となっていて、カントウタンポポなど在来2倍体種の発芽適温範囲を超えていたと考えられる。

以上の結果から、実験対象とした分類群では、共通して低温側から15℃までは発芽適温であるが、在来2倍体種は20℃以上の温度域では発芽がわるくなり、25℃以上ではほとんど発芽しないことが明らかとなった。3倍体のエゾタンポポと外来種は発芽適温の高温側の限界が20℃まで拡張し、さらにミヤマタンポポは25℃まで発芽適温領域が拡張し、30℃でもやや速度が低下するものの発芽が可能であることが明らかとなった。これらの結果を比較すると、相対的に低標高地に分布するものほど、発芽適温が低温側に限定されていた。したがって、低地のタンポポが高温時に発芽しない、すなわち発芽期として夏季を避けているということになる。秋季になると気温は低下し、9月末には最高気温が20℃前後、最低気温は15℃を下回るようになる。この時期に、在来2倍体種はすみやかな発芽が可能な温度範囲を得られることになる。また、在来種のなかでは高標高地に分布するものほど、発芽に高温が影響力をもっていない、つまり高温による発芽抑制がないことを示している。高標高地は冬が早く春が遅い。冬の間は積雪もある。つまり、生育に適した期間が短いわけで、秋をわざわざ待っていたらすぐに積雪期に遭遇して、限られた生育期間をなお短くしてしまうことになる。

一方、外来種は発芽適温を低温側から20℃まで持っているので、6月を中心とした初夏に発芽が可能なのである。言い換えれば、夏の暑さに会う前に、発芽することができる。

なお、ここでは詳細は省くが、小川の研究（未発表）から、外来種タンポポの種子にははじめから休眠がないこと、在来2倍体種タンポポの種子には休眠しているものが含まれていて、その割合は毎年変動すること、休眠種子は夏には休眠が解除されるが高温下のため発芽できず、埋土期間中に種子の発芽適温の範囲が広がり、秋の気温低下とともに種子発芽が始まること、在来2倍体種の種子がつくられた直後の時期には、休眠していない種

種子の休眠

種子は水と温度と空気（酸素）があると発芽すると教科書には書いてある。ところが、秋に種子ができる植物の場合、たいていは春に発芽期を持っている。温度としては、春と同じ条件が秋にもあるのだが、秋には発芽が起こらない。発芽の条件が満たされているにもかかわらず発芽しない種子を、休眠していると言う。この現象は1年草で顕著である。秋に発芽すると、すぐ冬の寒さに会って、実生の生育に不利と考えられるので、春に発芽するのは適応的と考えられる。休眠している種子は、生理的に変化しない状態にセットされていて、水が与えられても体内の物質代謝が不活性のままになっている。この種子が発芽するには休眠が解除される必要がある。秋に休眠状態で生まれた種子は、多くの場合、冬の低温を感じて休眠解除のスイッチが入る。それで、次の発芽適温期である春に発芽が起こる。休眠解除の温度反応は、発芽適温とは別の機構として働く。

同様に、春に種子ができる植物の場合、休眠している種子の多くは夏の高温を感じて休眠解除が起き、秋に発芽する。

子についても発芽適温の範囲がごく狭く、先に見たように発芽速度が遅いので、多くの非休眠種子は発芽する前に発芽適温外の暑すぎる季節を迎えてしまい、秋になって発芽が起こることなどがわかってきた。

ところで、在来2倍体種タンポポの野外での種子発芽においては、実験では見られない翌年早春（2月から開花前まで）の発芽が見られた（16%）。また、全体として野外調査地での発芽は実験におけるそれと比較してやや遅れた。これらの現象には、野外では吸水条件が悪いことが原因していると考えられる。実験分類学の祖であるハーパーとベントンは1966年の論文で、種子の発芽にとって吸水条件が重要で、特に種子と地表との接触面積が大きいほど発芽がよいと指摘している。ナイラーも1985年の論文で、落葉などによる吸水不良がもたらす発芽の遅延・阻害を指摘している。

また、発芽実験で1年経過後に在来2倍体種の生存種子が残らなかったことや、野外で発芽適温である4月に発芽が見られないことから、1年を超えて埋土種子が生き残って順次発芽するいわゆるシードバンク形成は期待できそうにないことがわかった。

一方、外来種の種子はほとんどが散布後すみやかに発芽し、種子の発芽速度は速く、休眠もないので、こちらもシードバンク形成は期待できない。ヨーロッパでも、実験的に土中で保存したセイヨウタンポポの5年後の生き残り種子は1・5%以下であるとの報告がある。タンポポは在来種・外来種ともに多年草であるから毎年の種子生産が期待できるので、多年にわたるシードバンクに頼る必要がなかったのであろう。

しかし、1年という季節の進行の中で、在来2倍体種は初夏と秋、吸水ミスなどのアクシデントにより翌年の早春という発芽期の分散をしている。これを季節的シードバンクという。

外来種は基本的には春に種子生産をして初夏に種子発芽をするが、野外調査では少ないながら秋にも実生が見られた。外来種タンポポは、頻度は小さいが秋や早春にも開花・結実し実生が見られるので、それらの実生は秋咲きの花由来の種子から生まれた可能性もある。一方、いくつかの種では、人間の目には見えない近赤外光（約660nmの波長を持つ赤の光より少し長い波長を持つ光で、植物に効く波長はおよそ730nm）が発芽を抑制することが知られている。すなわち、一般に葉の下では、緑色の葉を透過した太陽光が赤色部分を葉に吸収された結果、相対的に近赤外光のエネルギー比率が増す。この近赤外光を種子が感じた結果起きる発芽抑制であり、緑陰阻害と呼ばれる現象である。既に1975年に、いわゆるセイヨウタンポポでは上を葉が覆う環境下では発芽が起こらないという報告がある。タンポポ類の種子散布が起こる春から初夏のはじめは、他の植物の背丈がまだあまり高くないので、近赤外光による発芽抑制の可能性は高くはないが、吸水条件の悪い場所や生長が早い植物の下に落ちた種子は、生長した周囲の植物に覆われ、近赤外光による発芽抑制を受ける可能性がある。秋に発芽した実生は、このような緑陰阻害を受けた種子から生まれたと考えることもできる。いずれにしても、外来種タンポポも、量的には少ないが、結果的に実生の発生期を分散させることがある。

ところで、実験に用いた日本産の2倍体タンポポは、森田さんの1995年の分類によればカンサイタンポポを除いて亜種または変種に分類されている（15頁の分類表を参照）。したがって、ごく近縁のこれらの分類群は同様の発芽パターンを持っていると言える。

夏をどう過ごすか

(1) 葉の消長

それでは実生期以降、タンポポはどのように季節を過ごしているのだろうか。そこでまず、タンポポの初期生長パターンを把握するため、鉢植えの栽培個体について葉数、地上部・地下部の重さ（現存量）の季節変化を実験的に調べた。

ところで、現存量とは生物が存在している量の意味で、通常は重さで表す。動物では生きている状態の「生重量」で表すことが多いが、植物では一般に乾燥（乾物）重量で表す。植物の細胞には堅い細胞壁があるので、細胞は水を十分吸っても壊れにくく、また水をある程度まで失っても体勢を維持できる。それで、植物の含水量は情況によって変わりやすい。したがって、水分を含んだ生重量は信頼性が低いので、からだから水をとばしたあとの、からだを構成している生物体そのものである乾燥重量で表示する。しかし、この方法だと植物を殺さなければならず、同一個体の継続観察には向いていない。

さて、第1に葉数であるが、秋に発芽させた個体は外来種も在来種も秋から厳冬期にかけて3～4枚で推移し、早春になって葉数を増加させた。

その後、在来種は初夏の6月に10枚程度に達したが、盛夏には葉数の顕著な減少が見られ、ほとんどの個体が0枚となった。しかし秋になると徐々に葉数を回復させた。

外来種は個体間の差異が大きかったが、6～7月に葉数が平均で15枚程度に達し、8月に多少の枚数減があり、2年目を迎えた秋にも葉数の減少が見られた。しかしこれはすぐ回復した。

両種とも1年目は植物体としての蓄積が少ない時期で、光合成を行う同化器官である葉を失うことは致命的であるため、少ない葉をできるだけ延命させて使用し、2年目以降、ある程度生長したのちには、葉の枚数調節が可能となったと考えられる。

現存量の季節変化については、両種とも秋から春までゆっくりと増加し、個体当たり100mg程度に達した。その後在来種では、8月に葉数の減少した分、地上部現存量も著しく減少した。一方、地下部の増減については、地上部と連動して多少の減少があるものの、夏の減少は少なく、500～600mg程度を維持した。その後の秋に、地上部の回復に対応して地下部の減少が見られ、地下部から地上部へ物質の移動があったと考えられる。これは地下部が貯蔵器官として地上部の栄養源の役割をはたしていたことを示す。

外来種では翌年の7月以降、個体差はあるものの、在来種と比較して現存量の著しい増大が起こり、特に地上部（葉）で在来種の20倍以上、地下部で2倍以上に達した。

(2) タンポポの夏休み

タンポポは、野外においてどのような1年を送っているのだろうか。野外においては個体ごとのサイズや年齢のばらつきが大きく、年齢や履歴の推定も困難であるため、同一個体の追跡調査が望ましい。しかし現存量の測定をしようとすると個体を殺してしまわねばならないので、それを避けるために、前項で見た葉数の変化から個体の情況を近似的にとらえることにした。

在来種（カントウタンポポ）については小石川植物園の背の低い草地に生育していた8個体と、台東区にある上野公園のほぼ裸地に生育していた17個体を対象に、外来種（主としてセイヨウタンポポ類）については上野公園の同一地区の裸地に生育していた7個体を対象に、月1～2回、1年以上にわたって調査した。

葉数は個体によってまちまちであるので、調査期間中における個体ごとの葉数の最大値に対する各調査時の葉数の比（ここでは葉数比と呼ぶことにする）を求めて比較することにした。

在来種では両調査地とも、葉数は開花期の4月に最も多く、葉数比の個体間平均値は裸地で0・97、草地でも0・91と、ほとんどの個体が4月に葉の最大値をとった。葉数は結実後の初夏から盛夏に減少し、地上部がほとんど見えなくなる個体もあった。8月の時点で葉数比の個体間平均値は裸地で0・08、草地でも0・15と、多くの個体が葉を失っていた。葉は秋に再び増加し、厳冬にやや減少するものの、3月に再び増加に転じた。裸地では、4月から8月まで葉数減は比較的ゆっくり起こり、秋の葉数の回復も早かった。よい光環境のもとでのすみやかな葉の回復は、良好な光環境を利用して光合成をして生長することができるので適応的と考えられる。一方、草地では5月から6月にかけて多くの個体がいっせいに葉数を激減させ9月まで葉数が少ない時期が続き、秋の葉数の回復も裸地より長期間を要した。草地では、周りの草が繁茂する初夏から秋まで葉を落とし、周りの草が減少する10月以降に葉を回復するタンポポのあり方は適応的と考えられる。というのは、暗い光環境のもとでは光合成による稼ぎはほとんどないのに、呼吸による葉のエネルギーのロスは葉がある限り起こる。しかも温度が高ければ高いほど呼吸量は大きくなる。だから光環境の悪い条件では、葉を落としている方が得になるというわけだ。つまり、在来種タンポポがこのような性質を持っていることが、すなわち共存植物が繁茂する場所でも生きのびられるということなのである。

一方、外来種では同様の傾向は見られたが、葉数比の個体間平均の最大値は5〜6月に0・7をとった。また8月の値は0・41であり、最小値は11月から3月まで0・23前後であった。これらの数値は在来種と比較して葉数の変動幅が小さいことを示している。と同時に、標準偏差が大きいので、葉数の増減が個体ごとにあまり同調的でないこともわかった。

夏季に外来種の葉数の減少が顕著でないことは、裸地の光条件を利用して生育を続けるのに好都合と考えられる。しかし他方で、夏季の裸地は熱や水環境としてはストレスが強いので、マイナス面も考えられる。もっとも、外来種の原産地と考えられるヨーロッパでは、日本ほど夏季の温度が高くなく、日射も比較的弱いので、原産地では夏季のマイナス面はあまり考慮しなくてもよいのかも知れない。

以上のように、栽培個体および野外における生育のデータから、タンポポ類には夏が生長を止める季節に当たり、特に在来種は地上部を大きく減少させたり、地上部を失う冬型多年草の特徴を示していることがわかった。外来種は、夏季にも葉数を大きく減少させることはなく、基本的に夏も生長し、一年中を生育期としていた。

第6章◉生き残り作戦

種子散布後すみやかに一斉に発芽する外来種タンポポ、発芽期を2～3回に分散させる在来種、この誕生の差異はそれぞれの個体群維持にどのような意味を持つのだろうか。この点を明らかにするため、季節ごとの実生の生き残りを、野外の自然個体群と実験個体群について追跡することにした。

実生はどれくらい生き残るか

ここでは実生の個体ごとの生死を、主として発生から1年程度の初期定着過程に注目して、まずタンポポの自然個体群において継続調査した。調査にはクラシックで手間がかかるが、生残調査の古典であるタムの1956年の論文に準じて、対象個体ごとに位置を図面の上に記入するマッピングの方法を用い、毎回の調査時に個体識別して個体ごとの消長を追った。

(1) 外来種の場合

第4章で紹介した実生の出現調査を行った文京区の東京大学本郷キャンパス内の外来種では、先にふれたように主として種子生産期に続く初夏に多数の実生の発生が見られたが、梅雨期間に減少が起こり、梅雨明けの7月下旬まで生き残ったのは、発生実生の20%であった。それは夏季も減少を続け、生残率（スタート時に対する生き残り個体数の割合）は9月には10%に、1年後にあたる翌年7月には4%となってしまった。さらにその後も、生残率は下降し続けた。

一方個体数はたいへん少ないが、ここでは秋にも実生が発生したことは第4章でふれた。個体数は初夏の実生の1／10程であるが、1年後にあたる翌年12月には生残率は40%であった。偶然とは言え、初夏と秋の実生の1年後生残数は、面積（0・5m×0・5m）当たり同数の2で、わずかの数しかない秋の実生に意義があることが明らかとなった。

このように外来種については、主要発芽期である初夏に発生した実生の生残率はきわめて低く、一方、個体数は少ないものの秋に発生した実生は生残率が高く、結果的に1年以上たった時点で生残個体数は初夏生まれの実生を上回ってしまった。

植物は一般に、一生の出発時点である実生の時期は、気候的ストレスや攪乱に対してもっとも弱い時期とされ、発芽直後の実生の死亡率は他の時期に比べ高い。その通りに、初夏に発芽した外来種タンポポの実生の死亡率は初夏に高いのだが、その程度は秋季に発芽して秋季に死ぬ実生の死亡率と比較して著しく高かった。この事実は、東京の初夏は外来種タンポポの実生の生残には決して適した環境とは言えないことを示している。

(2) 在来種の場合

在来種の生残調査については、先に野外での実生の出現調査を行った小石川植物園で実施した。ここはサクラ、ムクなどが疎《まば》らに植栽された下の草地で、年に数回の草刈りが行われるほかは特別の管理はなく、その他のインパクトとしては入園者、特に幼児、児童により、タンポポの花が摘まれることがある程度であった。

調査は1975年から1978年まで（調査1）と、8年後の1983年から1986年まで（調査2）の期間に行った。

調査1においては、種子生産期のすぐ後である初夏に発生した実生数は10m²で10個体であり、1年後の生残率は40％であった。主要発生期である秋季に発生した実生は28個体で1年後の生残率は36％、早春に発芽した実生は10個体で1年後の生残率は40％であった。

調査2においては、1年後の生残率は初夏の実生で0％（全部死亡）、秋の実生の生残率は3％、春の実生の生残率は9％であった。

このように、在来種の実生は、調査1では初夏、秋、早春のいずれの季節に発生したものも、ある程度の生残率を示し、1年後の生残率では特に有利な季節を特定できなかった。実生の生残が特定の季節と結びついていないことは、在来種が周年的に発芽期を分散させていることに意味があると考えることができる。たとえば、夏の間に草むしりのような攪乱によって初夏の実生が全滅しても、秋や翌年の早春生まれの実生により個体群が維持される可能性があるということである。

調査2においては、調査1と同一場所であるにもかかわらず調査1と比べ、季節による実生の生残には差異が現れた。すなわち、各季節とも実生の生残率が調査1と比較して低下し、特に初夏の実生は全滅してしまった。これは、調査1と調査2との間の8年にわたる時間の経過とともに、調査区に生えている樹木が成長し葉が密に茂ったため、夏季に樹下の光環境が悪化したことが原因であると考えられる。光環境が良好だった調査1の時点では、どの季節に発芽しても実生の生残は確保されたが、樹木の葉の繁茂によって夏の光量が低下した調査2の時点では、初夏生の実生は夏の間に光不足で枯死し、落葉樹の葉が落ちて光環境がよくなった冬から翌年の春にかけては、ある程度の実生の生残が可能だったのであろう。

実験的に確かめる

前項で得られた季節別生残データの信頼度を確認するとともに、在来種・外来種の種子発芽が持つ季節性の差異の意味を評価するため、小石川植物園内において、在来・外来種タンポポの種子を播種して実生の生残を追跡する野外実験を行った。実験地は草地で陽当たりがよく、在来種（カントウタンポポ）が大群落を形成していたが、園路に接する辺縁部には外来種も見られた。ここでは初夏から初秋にかけて月1～2回の草刈りが行われるのと、入園者、特に幼児、児童によりタンポポの花が摘まれることがあるほかは、特別の管理や人為的干渉はなかった。

播種実験は、在来種の発芽期にあわせて、種子生産期直後の5月（初夏播き）、9月（秋播き）、2月（春播き）の3回、在来種（カントウタンポポ）と外来種（セイヨウタンポポ類）についてそれぞれ行った。

(1) 秋の実生は生き残る

外来種については1年後の生残率平均値は初夏の実生、秋の実生、春の実生でそれぞれ、1%、8%、9%であった。ただ、統計的に整理すると、危険率5%の推計範囲（コラム参照）では、季節による生残率の有意な差は見られなかった。これは、どの季節でも実生の出現した場所によって生残率にばらつきが大きく、全滅した場所も多く、危険率5%で有意差がないとは、つまり平均値では違いがあるものの、100回のうち5回は初夏の実生、秋の実生、春の実生の生残に差がないことが起きる可能性を示している。

推計範囲
確かさを表す統計上の表記で、平均値のまわりのばらつきの幅を意味する。危険率５％の推計範囲とは、100回のうち95回はこの推計範囲に入るが、５回はこの推計範囲をはみ出した値をとることを示している。野外のデータなど、ばらつきが大きいものについては危険率を５％にとることが多いが、より精密な実験などでは、１％、または0.1％にとって、確かさを保証する。あるデータに関して平均値と推計範囲を求めるとき、たとえば危険率を10％にとるときの推計範囲（10回に９回は起こる範囲で、１回はこの範囲を超えてしまう）に比べ、危険率５％にすると20回に１回しか例外が起こらないようにするため推計範囲はずっと広くならざるを得ない。あまり危険率を小さくし過ぎると、推計範囲がたいへん広くなってしまい、結果的に意味をもたなくなることもある。逆に、推計範囲を小さくすると危険率が大きくなり、より頻繁に例外が起こることを意味するようになる。たとえば危険率30％にすれば、５％と比較して推計範囲は狭くなり、平均値のすぐ近くになるが、10回に３回はこの推計範囲を飛び出した値をとるので、平均値の信頼度は小さい。

在来種については、1年後の生残率平均値は初夏の実生、秋の実生、春の実生でそれぞれ、0％、18％、0％であった。ただ、秋の実生は出現した場所によって生残率にばらつきが大きく、全滅した場所もあり、危険率5％の推計範囲でみると、外来種と同様に実生発生の季節による生残率の有意な差は見られなかった。

実験結果としては外来種・在来種とも、危険率5％で実生の生残に特別有利な発芽期を特定できなかったわけだが、実生の出現した場所によって生残率にばらつきが大きく、いずれの季節に発芽した実生も生残率の推計範囲に0％を含んでいたので、場合によっては全滅の可能性があるということでもある。しかし、危険率を30％として考えると、在来種の秋の実生の生残率は推計範囲に0％を含まなくなり、かつ他の季節に比べ有意に生残率が高いことになる。危険率30％というと例外が１００回に30回起きることになるが、残りの70％、つまり少なくとも3回に2回程度は秋の実生が数%は生き残るわけで、多年草で繁殖機会を一生のうちに複数回持つタンポポ類においては、この数字でも十分子孫を残せることになる。外来種においても、生残率の平均値は初夏の実生が最も低いことは、野外調査において初夏の実生の生残率がたいへん低く、秋の実生の方がよく生き残ったことを裏付けている。

ところで、実生の死亡が著しい時期は、初夏生の実生、春生の実生とも初夏であり、秋生の実生にもその傾向が見られた。5〜7月の初夏は、年間で最も日射が強い時期である。地面はこの時期、直射日光を受けるとしばしば40〜50℃になる。

東京大学の丸田恵美子さん（現・東邦大学）の富士山におけるイタドリの実生発生に関する論文が示すように、初夏の過酷な温度環境の下で地下部の未発達な実生はこの時期、体を冷やすために葉から出す水の量に根からの吸水が追いつかずに枯死しやすい。タンポポの実生はイタドリの実生と同様、子葉《しよう》が開いた状態の時期には背丈が1cm程度しかないので地表の影響を強く受ける。裸地におけるタンポポの実生の死亡は、イタドリの事例と同様な水ストレスと考えることが可能である。初夏において、晴天時の昼間には裸地の表面は蒸発が多量のため、地下から毛管現象で地表に上がってくる水の柱がしばしば断たれ、地表から数センチにわたってカラカラの乾燥状態になる。タンポポの秋の実生が初夏に比較的死亡が少なかったのは、半年程度の生長期間ののちに初夏を迎えたので、根を比較的よく張れていたためと考えられる。

⑵ 日本の気候は外来種に不向き

私の調査や実験から、草地や裸地において、初夏の実生は生き残りにくいことが明らかとなった。しかし、推計範囲をとると、何回かに一度は1年後まで数%の実生が生残する可能性はあり、多数の種子が散布されている限り、実生定着と個体群存続の可能性は十分にあるといえる。実際、ほとんどの種子が初夏に発生する外来種が分布を拡大してきたのは、生産する種子の多さによって初夏発芽の死亡というデメリットを補ってきたからであろう。

ところで、ヨーロッパでは、北ウェールズにおけるタンポポの実生の生残曲線はほとんど直線的減少過程を示すが、個体群としては新個体の供給により安定しているとの報告がある。季節的には春や初夏に死亡が見られるが、日本における死亡とは異なり、それは小動物や病気による被害だという。

一方、植生学者の宮脇昭さん（当時・横浜国立大学）の1983年の植生分類に関する著書によると、すでに述べたように外来種タンポポは日本では北海道の草地の標徴種あるいは区分種（植物社会学において、たくさんの植生調査結果から導かれた、ある群集を特徴付ける種類）となっている。これは外来種タンポポが、ヨーロッパのように涼しい気候の下で、特徴ある群集構成要素となっていることを示している。

外来種の原産地における実生の出現季節と天候および生残率に関してはほとんど報告がないが、日本のような暑い夏がなく、共存植物が家畜によって食われているとすれば、日本におけるような初夏や夏の実生の大きな死亡率はないのかも知れない。さらに、先に紹介した北ウェールズにおける個体群動態のデータは、実生のほかに株分かれした栄養繁殖体も含まれているので正確な情報とはならないが、個体群への新たな個体の追加は、低地では初夏（開花は春）であり、比較的乾燥気味の標高300mの丘陵地では夏から秋（開花は初夏）であることを示している。ということは、種子散布後に乾燥があれば発芽が遅れて、秋発芽も起こるかも知れない。日本では梅雨という独特の雨季の存在によって、外来種は強制的に不利な初夏発芽が引き起こされるという可能性も否定できない。

一方、在来種では、草地においては実生の発生期による生残率に絶対的優位性は見られなかった。発芽期を分散させていることの意味は、何らかの攪乱があった場合、それまでに発生した実生が死滅しても、後の時期に発芽した個体が生存する可能性を持っていて絶滅を免れることになる。多年にわたる埋土種子によるシードバンクを持たないタンポポにとっては、1年以内であるが実生発生期を分散させてシードバンクに代える、季節的シードバンクを形成していることになる。それでも、平均値でもっとも高い生残率を示した秋に、発芽の最盛期をあてている。在来種の生育拠点である農地などでは、初夏から夏季には除草による初夏の実生個体群の消滅がしばしば起こりうる。一方、秋の実生は除草にあう機会はたいへん少ない。したがって、秋の実生の存在意義は高いと考えられる。また、農地の周辺では、たとえば畦や農道、谷あいの農地脇の斜面など、人が歩くのと草刈り程度の攪乱で粗放な管理下にある場所では、背丈が低いタンポポの初夏の実生も存続が可能であろうし、共存植物の多くが葉を落とす秋から冬を経て春季に生育期を持つ秋の実生も生残が可能となろう。

このように、在来種は発芽期を分散させている。草地では初夏の実生もそこそこ生き残り、もし草刈りなどによって全滅しても秋の実生が生き残る可能性がある。また、植物が茂る環境では、周りの植物の葉が枯れていく秋に発芽し、冬から春にかけての光条件がよい季節を利用して生き残っている。実生誕生の季節性、それに生長した株も夏に葉をほとんど落とすことが、在来種が他の植物と共存できる鍵となっているのである。

一方、外来種は気候的には不向きな日本で、多量に生まれる初夏の実生はほとんど死亡するが、多産であることが、例外的に生き残るケースを生じ、また、わずかであるが秋にも実生が生まれ、こちらはよく生き残って、ともに次代の種子を大量に散布することを繰り返して、今日の分布情況をつくりあげた。ただ、植物が茂る環境下では、夏をやり過ごす手段を持たないので、生き続けることができない。

第7章◉交代現象のシナリオと残された課題

タンポポの交代現象とは結局何か

一般に外来植物が侵入するのは、既存の植物群落が自然条件または人為的理由により排除された場所、すなわち「生物的あき地」に対してである。草丈の低いタンポポではなおさらである。外来種タンポポの場合も、生育拠点となっているのは、路傍や駐車場、児童公園などで、これらの場所は人間の強い干渉により植物が少なく光環境がよい、いわば植生のすき間となっている。これらの場所が集中するのは、地理的には都市部であるので、都市に外来種が多いということになる。

とはいえ、都市化をはじめとして人間による土地の攪乱により生まれた植生のすき間（「生物的あき地」）に外来種が侵入すること自体も、たやすいことではない。春から初夏に散布された外来種の種子は、こうしたあき地でよく発芽するが、ほとんどは死亡してしまう。特に裸地ではその傾向が顕著である。一方であまり密でない草地においては、多少の生残が見られる。多量の散布種子による大量の実生の発生という数の勝負で、外来種は発芽・定着時のリスクを克服している。

ところで、タンポポの種子ができることを前提としたこれまでの議論に加えて、種子形成の点についても検討をしてみよう。できたはずの種子が発芽しないというのは、第5章でふれた休眠もあるが、それとは別に不稔《ふねん》種子、つまり成熟しないで死亡した種子のことも考えておく必要がある。

種子稔性率とはタンポポの場合、小花数に対する完成した種子数の割合のことである。野外におけるタンポポの群落サイズと種子稔性率との関係を調べた結果では、在来2倍体種は、単独でいる場合、種子稔性率はゼロ、すなわち種子ができていなかった。70個体以下の個体群では、0％から90％以上まで大きなばらつきが見られ、70個体以上では70％前後と安定していた。これらの数値から以下のような推定が可能である。

すなわち在来2倍体種は種子形成にあたって、自分の花粉では受精しない自家不和合性の性質により単独個体では種子ができず、小さな個体群では遺伝的に近親さが強い場合に種子稔性率が低いこと、70個体以上の個体群では遺伝的多様性が確保できて安定した種子稔性率を示していたということである。

一方、外来種は単独個体で生えていても、大群落を形成していても、種子稔性率は80％前後で安定していた。この数値は、受精という過程をもたずに種子をつくる無融合生殖をする外来種、つまり高次倍数体種の種子生産の特徴をよく表している。なお、この数字は、ひとつには無融合生殖といえども、１００%の小花がすべて熟した種子になるわけではなく、20%程度の失敗が伴うこと、ふたつに、それでも個体群のサイズにかかわりなく、１個体が定着していれば自分のコピーの種子を多数散布することができることを意味している。したがって、点在する生育拠点を飛び石のように利用して、外来種は基本的に個体群を持たなくとも広い範囲に分布を広げることができる。

この場合、一生をロゼット型の地上部形態で過ごし、休眠性をほとんど持たない外来種タンポポにとっては、あき地が自己の繁殖ステージに入るまで、少なくとも1年くらいの時間幅で確保されないと、生育地拡大のための拠点として利用できない。ここでその例として、小石川植物園内の残土堆積跡地において、タンポポの種子を採り播きした実験結果を紹介しよう。

早春、園内の整地で出た土砂を一か所にまとめて堆積した場所があった。その一部に在来種（カントウタンポポ）と外来種（セイヨウタンポポ類）の種子を種子生産期の5月に播種した。外来種の実生は6月に多数発生した。しかし、7月には土砂のなかに残っていた種子や根から雑草群落が回復し、8月には植物群落が地表を覆う割合（植生の被度《ひど》）が約90%に達し、外来種の実生はすべて枯死してしまった。なお、秋になっても翌年の春になっても、外来種の実生の発生は見られなかったので、未発芽種子がシードバンクを形成していた可能性はきわめて少ない。

同時に播種した在来種の方は発芽個体数は比較的少なかったが、1年後に生残個体があった。生残個体のなかには、盛夏の雑草群落に覆われた期間、葉を落として見かけの休眠状態となったものもあった。

また、在来種は植物園内に大群落があり、外来種も園路沿いや残土堆積跡地の塀の外（園外）に生育していたので、ここには双方の種子が自然に供給されていたと考えられる。そこで、実験区の周囲約200m^{2}における2年後の自生タンポポの開花個体数を調べてみると、外来種が2（8%）、カントウタンポポが23（92%）であった。実験区だけでなく堆積跡地全域で、外来種の侵入・定着は抑制されていた。

こうした事例とは逆に、草刈りとか踏み付け、放牧などの干渉が適度にあれば、背の高い植物が排除され、地表近くの光環境は好転し、一生ロゼット型で生長点が根ぎわにあるタンポポ自身にはマイナスの影響は小さくて済む。弘前大学の沢田信一さんたちの1982年の論文では、頻繁な草刈りに対して、外来種は葉の再生速度が速く、適応的とされている。つまり、外来種は在来種に比べて「光」環境がより必要であり、日陰が苦手なので、草刈りによる一時的損失の方を選択したというわけである。

他方、在来種は一部で考えられてきたような外来種との競争の結果として減少しているのではなく、土地改変など人間の強い干渉によって共存植生ごと失われてきたのである。それは、都市のなかでも、土地環境が保存されてきた場所に在来種がしばしば大群落を形成して存続していることからもわかる。在来種の拠点である農地周辺や都市内の保存緑地などでは、外来種は多くの場合優占していない。つまり、在来種が存続でき、外来種は侵入しにくい条件がある。在来種の拠点となっているのは、徹底した除草を伴わない、いわば粗放的管理により共存植物が多く存続している場所と考えられる。

こんな実験結果もある。在来2倍体種（カントウタンポポ）が群生する小石川植物園の一角、約200m²を、ブルドーザーで人工的に攪乱して植物的あき地を造成したあとに侵入した外来種、在来種の開花個体数を1年後と7年後にカウントした。在来種は周辺に多く自生しているので、自然の種子が大量に供給されたと考えられる。また、そこは植物園のへりに近い場所なので、園外に点々と生育する外来種の種子も到達していたと考えられる。ここで造成1年後に確認された開花株は、外来種28、在来種14個体であった。繁殖能力や生長速度の違いだけで計算すれば、これ以降、さらに外来種が在来種を凌駕するはずであった。ところが、7年後の開花株は外来種58、在来種505個体で、1年目と比較すると外来種は2倍になったが、在来2倍体種は36倍となり、外来種と在来種の個体数比は1対0・5から1対8・7に逆転していた。このように、種子供給源があれば、造成地でも在来種の回復は可能であり、共存植物のため、外来種は個体数の増大が抑えられるのである。ここでは見かけ上、在来種が競争に勝ったような状況が生まれていた。

ロゼット型で一生を送るタンポポ類は、基本的にはオープンな場所に生育する。しかし、日本の初夏はタンポポ類の実生の定着にはあまり快適な環境とは言い難い。在来種の場合、共存植物があまり密でない草地で種子の一部が初夏に発芽するものの、多数の種子は休眠によりすぐには発芽せず、休眠が解除される夏には周囲の温度が高すぎて発芽せず、ようやく温度が低下する秋になって多くの種子が発芽する。秋は落葉性の植物が葉を落とすので、背丈が低いタンポポ類の実生の生育には都合がよい。もっとも、堆積した落葉は種子発芽の阻害要因ともなり、発芽が春に持ち越されることもある。

在来2倍体タンポポは強い自家不和合性（自分の花粉では受精しないこと）を持っていて、単独個体では種子形成ができない。それで、土地造成などの面的自然改変により個体群が消滅させられ、あとに単独または少数の個体が生き残っても、個体数を回復できない。野外で安定した種子稔性（完熟種子の割合）が得られるのは70個体以上の群れをつくっている場合である。もともと自家不和合性が強い在来2倍体種は、形態による分類が難しいことに代表されるように、結果として個体間の変異が大きい。これは、種以下のレベルで多様性が高いことを意味している。生育地の消滅・分断による交配相手の減少は、近親交配によりこうした多様性が失われる危機を招く可能性がある。

京都大学の堀田満さん（現・鹿児島大学）によると、在来2倍体種の痩果（冠毛と種子が入った「重り」の部分）は外来種より重く、冠毛があっても飛翔距離は小さい。種子の散布距離が小さいことは、分布域拡大という視点からは個体群の維持・拡大には不利な性質のように見えるが、在来2倍体種の場合、集団から遠くない距離に子孫を分散させることは、逆に花粉供給個体を身近に確保して、種子を確実につくるための重要な性質ともいえよう。

以上のように、日本においてタンポポの在来2倍体種から外来種へのいわゆる「交代現象」の実体は、いわゆる「日本のタンポポ」がセイヨウタンポポ類などの外来種タンポポに「駆逐」されていたのではなかったのである。

要点をまとめておこう。外来種が目立つのは、

① 日本の厳しい気候のもとで、多量の種子をつくることで、わずかな生存のチャンスを利用できた。
② 外来種が進出できる「生物的あき地」が人間活動によって増えた。
③ 外来種の果実は比較的軽く、より遠くまで到達できた。
④ 外来種は3倍体なので、1個体でも増えることができた。

つまり、両種の生活の違いに伴う生育地の差異が、近年の激しい土地改変によって、極端に増幅されて私たちの前に見せ付けられたということができる。すなわち、都市化や郊外における造成事業の結果、在来2倍体種が根こそぎ排除されたあとの植物的なあき地に、外来種が侵入したというシナリオである。

環境指標性と保全の課題

タンポポの環境指標としての意義について、㈳大阪自然環境保全協会タンポポ調査委員会が1986

年に興味深い指摘をしている。すなわち、農地または市街地での在来2倍体種や外来種の出現率は、周辺の市街化率あるいは農地率の高低によって値が上下するらしいということである。その結果、単なる市町村の広域の平均値としての市街化率以上に、タンポポの出現状況は実際の環境を反映しているという。すなわち、タンポポはたとえば窒素酸化物の大気汚染濃度というような単純な環境要素のものさしとは必ずしもならないが、市街地と農地との組み合わせの度合いという環境の複合的状況を反映した指標となることを示している。つまり、在来2倍体種の強い自家不和合性という性質は、周辺に交配の相手がいるかいないかで子孫を残せるかどうかが決まり、交配相手がいる農地が近くにあれば、在来種は市街地でも出現可能であるからである。しかし、ひとたび広域に個体群が失われてしまうと、種子供給源がないため個体群の回復は困難となる。また、市街地に囲まれた狭い農地の在来2倍体種は、交配相手を失う可能性が高い。農地周辺など他の植物が存在する場合、在来2倍体種は種子休眠や葉を落とすことによって、他の大型植物と生育期をずらしつつ共存可能であるが、一方の外来種は、そのような夏の休眠性が弱く、背が高い植物との共存は難しい。

したがって、在来2倍体種は土地が保存されている、言い換えると大規模な土地の改変を免れてきたところに存続している、いわば保存の指標と考えることができるのである。また、平塚市タンポポ分布調査会は1980年に、在来2倍体種の生育地が外来種の生育地より共存植物の種類が多い傾向を指摘した。これは在来2倍体種の生育地が種レベルで高い生物多様性を維持していることを示していると考えられる。他方、外来種の存在は共存植物が少ない、植生のすき間の指標と考えることができる。もっとも、土地の改変のある時期には、外来種といえども排除されることがあるのはすでにふれたとおりである。いずれにしても、タンポポ類の生育の有無は人間による土地への干渉の質にかかわっていて、人間活動の反映と言える。

東京や平塚の都市部では、保存されてきた緑地が在来2倍体種タンポポの個体群維持の拠点となっていた。生物指標は一般に生育地の歴史性を反映していると考えられる。したがって、保存されてきた緑地には失われてしまった都市の自然の断片が残っているとみることができる。上野の緑地環境研究会は1987年の報告で、東京都心にある上野公園とその周辺において、崖の林を除く広い上野公園の草本植物の出現種数130種と比較して、公園の一角にあるわずか約0・1haの東京国立博物館の庭では183種もの植物が見られることを指摘している。また、それらの植物の中に、在来2倍体種タンポポをはじめ、ニリンソウ、アマナ、マルバスミレなど、現在では都心ではごく限られた場所でしか見られなくなった種を含んでいた。東京国立博物館の庭は江戸時代の寛永寺本坊以来、大規模な改変なしに現代に受け継がれてきた空間であり、これらの植物は江戸の自然のなごりと考えられる。このように都市内の伝統的緑地は、地域の自然史を伝える標本的意味がある。したがって、都市の自然回復の際には、復元目標のひとつとして位置づけられる。と同時に、復元にあたっての種子供給源としての遺伝的プールの役を果たすことができる。

ヨーロッパでは1989年のステルクとメンケンの報告により、タンポポの種の分布域の縮小が生物多様性の保全の視点から懸念されはじめている。たとえば、*T. friscum* という種は1950年以来、オランダにおいて、国内5km四方のメッシュの21区画で確認されてきたが、1980年以降では、7区画しか見つかっていない。日本では、在来2倍体種はこれほどの減少は認められていないが、しかし南多摩地区では前述のように、1990年に10年前の調査と比べて出現頻度（出現地点数の割合）で1／2に激減した。減少の要因や、減少を免れた場所の生態的条件のさらなる検討が待たれる。

同時に検討しなければならないのは、開発が一段落した地域で、在来2倍体種の個体群の復活・増加は見られないのだろうかという点である。実験的には、種子供給源があれば個体群復活は可能であった。したがって、個体群が点在する多摩地区などで、保存緑地やその周辺における在来2倍体種の個体群の動態を詳細に見守っていく必要があろう。

鷲谷いづみさんと矢原徹一さんは1996年の著書で、花が美しいとかよく知られているとかで、共存する生態系を代表して認識できる種を象徴種《しょうちょうしゅ》と呼んでいる。タンポポは日本人には親しまれよく知られた植物なので、象徴種としての地位を持っている。これが利点となって、多くの人々の目による継続観測（モニタリング）が今後とも行われていくであろう。そしてますます、指標植物としての意味が確立して行くことだろう。

土壌の都市化

都市化による土壌のアルカリ化が、タンポポの交代現象の原因ではないかという考えがある。波田善夫さんは岡山市におけるタンポポ生育地の土壌pHに注目し、外来種がpH7〜8、シロバナタンポポがpH6〜7、カンサイタンポポがpH5〜7に分布頻度のピークを持ち、土壌のC／N比（含有炭素と窒素の重量比）についてもカンサイタンポポがもっとも低い範囲にピークを持つ、すなわち窒素分の多い土壌に多くが生えているとして、在来種は弱酸性で肥沃な土壌を、外来種は弱アルカリでやせた土壌を生活の最適域とすると1988年に論じている。

一方、大阪で長年タンポポ調査に取り組んできた木村進さんは、大阪におけるデータからすでに1980年と1982年に、外来種の生育地が在来種のそれより、土壌pHがやや高く、有機物含有量や水分が少ないことを示した。しかし彼は、必ずしも土壌条件が在来種・外来種タンポポの分布の原因となっているとは言えないだろうと指摘し、在来種が生育する肥沃な弱酸性の場所には既存の植生が存在するため外来種は侵入できず、やむなく空いているアルカリ化した裸地的な場所に侵入せざるを得ないと考える仮説を提示している。これは言い換えれば、両種とも肥沃な弱酸性の場所に生育するに越したことはないが、外来種はそこにすでに生えている植物たちの存在によって、最適地に入れず、やむを得ず条件の悪いところで我慢しているという可能性である。

末広喜代一さんたちは1980年と1989年の論文で、タンポポの生育地の土壌pHは、在来種（カンサイタンポポ）が外来種よりやや酸性側にピークを持つが、それぞれの生育範囲は広く重なっていて、在来種と外来種の生育地の間では統計的に差がなく、また土壌水分、土壌有機物含量も、在来種が平均値でやや含量の高い土壌にあるものの、統計的有意差は見られなかったと結論している。

土壌のpH値の変化がタンポポの交代現象の原因なのか、または土壌のアルカリ化は都市化により外来種の侵入と同時並行して起こっていることなのかは、実験的手法によってしか断言できないが、本書でこれまで示してきた事実からは、タンポポの交代現象は土壌のアルカリ化との関係を抜きにしても説明が可能であろう。

雑種形成の問題

愛知教育大学の渡邊幹男さんたちは、タンポポ類の酵素多型（同じ機能を持ちながらも分子構造が少しずつ違う酵素の存在。17頁参照）に注目して「外来種」といわれてきたタンポポの分析をしたところ、愛知県や大阪府、北海道、神奈川県で在来2倍体種が持つアイソザイム（同じ機能を持ちながらも分子構造が少しずつ違う酵素）が「外来種」でも見られたと1997年以降次々と報告を出した。彼らはこの結果から、日本で外来種と見られているタンポポの多くが在来2倍体種との雑種である可能性を指摘している。もしそうであれば、無融合生殖という遺伝情報の交流を断ち切った生殖方法を持つ分類群である高次倍数体種が、遺伝子だけ他種の卵細胞に潜り込ませて遺伝情報の存続と交流をはかる機会が与えられたことになる。

その可能性は、森田さんたちによる1990年の実験的解明からも予測されることであった。遺伝情報としての染色体を3セット以上持つ高次倍数体種のタンポポでは、それ自身の花では花粉による受精はしないのだが、ごくまれに染色体を2セット持った花粉をつくることがあり、これが2倍体種のタンポポのめしべにつくと、受精をすることがある。したがって、このような雑種は2倍体種のタンポポの花の上でしかできない。

現状では、渡邊さんたちが雑種と考えている個体あるいは個体群の生態的性質が明らかにされていないので、これらが永続的に存続するものかどうかわからない。また渡邊さんたちの北海道の都市におけるデータからは、雑種形成相手であるはずの在来2倍体種が存在しない地域で、在来2倍体種が持つといわれるアイソザイムを持つ雑種タイプの「外来種」が高頻度で見られているので、そこへは他所ですでにできていた「雑種」が持ち込まれたことになる。雑種と考えられているものが日本でできたものか、それとも原産地など日本へ到達する前に既に問題のアイソザイムを持った種が存在していたのかなど、全体像は今後の研究に待つしかない。なお、雑種は3倍体になるので、2倍体の在来種として認識される個体は外来種の染色体を持つことはない。

渡邊さんたちによると、「雑種」は外来種型の花の形をしていて、花の下の緑の部分である外総苞片が反転するので、在来種とは区別できるという。これに対して第1章でふれたように、在来種そっくりの「外来種」が関東地方で目立ってきた。外来種タンポポの素性調べは、今後のタンポポ研究には不可欠の仕事となりそうだ。

ところで、すべての外来種タンポポが雑種形成能力を持っているわけではない。1990年代に日本各地で、私は相当の頻度で花粉を持たない外来種を見ている。花粉がなければ、「雑種」のつくりようがない。すでに1980年代のタンポポ調査で集められた外来種の頭状花からも、花粉なしのタンポポが見つかっているので、花粉なしタンポポも気づかないうちに広がってしまったようだ。ヨーロッパでは、花粉なしのタンポポが多種記載されているので、特別驚くことでもないのだろうが、花粉があることを当然として何ら疑わなかった学者先生もいて、私と同じころにこのようなタンポポを見つけた小学校の先生と児童たちが問い合わせたところ、「見方が悪い、見間違えだ」といくつかの大学の研究者から言われたそうである。

花粉なしのタンポポは、自分の遺伝子を他の種類の遺伝子と組み合わせる機会を全く持たないことになるので、突然変異以外に多様性を獲得するすべがない。これは種の存続上はたいへん不安なことである。ひとたび環境の変化があると、均一な集団は対応できなくなる恐れがあるからだ。それにしても、花粉なしのタンポポを含めて、外来種タンポポが世界的に広がったわけだから、人間による環境の単純化は自然界の姿を大きく変えたと言えるだろう。

謝辞

本書の第2章、第3章、第4章は本谷勲東京農工大学名誉教授との共同の調査研究であり、データの収集・整理や討論を共同で行った。また、タンポポ調査にあたっては、多数の市民の参加があって遂行できたのであり、調査の実行委員会を組織していただいたお茶の水女子大学、東京農工大学、東京学芸大学の学生さんたちの力にも負うところが大きい。また、東京大学大学院理学系研究科附属植物園（通称、小石川植物園）には、長い間、フィールド調査・実験の場を提供していただいた。

本書のもととなった一連の研究の遂行には、東京大学理学部の故・門司正三名誉教授、佐伯敏郎名誉教授、東京学芸大学の小林興教授から、たびたび励ましを得た。専門の見地からは、新潟大学教育学部の森田竜義教授、東京大学大学院農学・生命科学研究科の鷲谷いづみ教授からたびたび有益な示唆を受けた。研究をまとめるにあたっては、東京大学大学院農学・生命科学研究科の武内和彦教授および緑地学研究室の方々にお世話になった。記して謝辞としたい。また、どうぶつ社の久木亮一さんには、タンポポの本を書かないかと声をかけていただいてから研究のまとめが完成するまで、たいへん長い年月、本書の出版を待っていただいた。紙面を借りてお詫びと謝意を記したい。

なお、本書は小川潔の学位論文（東京大学）をもとに、書きなおしたものである。論文類から本書の原稿に書き改める段階では、しのばず自然観察会の小川千恵子さんに植物の専門家ではない、いわば素人の立場から文体や用語などに辛口の批評を得た。あわせて謝意を表したい。

構会報 19 (2), 69-77.
渡邊幹男, 1997. 酵素多型で判別した雑種タンポポ—強奪種としての帰化タンポポ. 種生物学研究 (21), 43-47.
Yamaguchi, S., 1976. Chromosome numbers of Japanese *Taraxacum* species. Journ. Jap. Bot. 51, 52-58.

構会報 (13)，57-72.
（社）大阪自然環境保全協会タンポポ調査委員会，1996．1995 年大阪府下タンポポ調査報告．42p．（社）大阪自然環境保全協会，大阪.
社団法人兵庫県自然保護協会，1976．タンポポ調査中間報告 1976．2p.
Tamm, C. O., 1956. Further observations on reproduction and survival of perennial herbs. Oikos 7, 273-292.
坪井直行，1984．'84 緑の国勢調査（滋賀県）タンポポ調査報告．美しい自然 (31)，8-11.
富成忠夫，1974．春の花．272p．山と渓谷社，東京.
上野の緑地環境研究会，1987．上野公園の自然と歴史的空間．70p．しのばず自然観察会，東京.
和田優，1973．関東西北部地域のタンポポ属の分布について．生物学雑記 (3)，59-72.
和田優，1974．タンポポ属の分布について II．その指標性の検討．生物学雑記（実験と観察と資料）(5)，1-10.
和田優，1980．タンポポ属の分布について III．八王子市における都市開発の影響．大東文化大学紀要 (18)，195-215.
Washitani, I., 1984. Germination responses of a seed population of *Taraxacum officinale* Weber to constant temperatures including the supra-optimal range. Plant, Cell and Environment 7, 655-659.
Washitani, I., 1987. A convenient screening test system and model for thermal germination responses of wild plant seeds : behaviour of model and real seeds in the system. Plant, Cell and Environment 10, 587-598.
鷲谷いづみ，1987．種子発芽の温度による制御—非休眠種子の発芽の温度反応—．種子生態 (17)，1-18.
Washitani, I., and Ogawa, K. 1989. Germination responses of *Taraxacum platycarpum* seeds to temperature. Plant Species Biol. 4, 123-130.
鷲谷いづみ・矢原徹一，1996．保全生態学入門．220p．文一総合出版，東京.
渡邊幹男・小川美穂・芹沢俊介・神崎護・山倉拓夫，1997．雑種性帰化タンポポの在来タンポポ生育域への侵入．植物分類地理 48 (1)，73-78.
渡邊幹男・小川美穂・内藤敏江・神崎護・下村英基・芹沢俊介，1997．大阪府における雑種性帰化タンポポの頻度と分布．関西自然保護機

Sawada, S., Takahashi, M. and Kasaishi, Y., 1982. Population dynamics and production process of indigenous and naturalized dandelions subjected to artificial disturbance by mowing. Jap. J. Ecol. 32, 143-150.
芹沢俊介，1985．人里の自然．196p．保育社．
芹沢俊介，1986．愛知県におけるニホンタンポポと帰化タンポポの分布．愛知教育大学研究報告 35(自然科学)，139-148．
芹沢俊介・小川雅恵・佐藤みゆき，1982．東海地方西部におけるセイタカタンポポ－トウカイタンポポ複合群の地理的変異．植物研究雑誌 57，196-204．
品田穣，1974．都市の自然史．200p．中央公論社，東京．
自然を返せ！ 関西市民連合，1975．かけはし (33)，1-22．
Soest J. L. Van, 1969. "Die *Taraxacum*-Arten der Schweiz", 250 p. Veroff. ETH. 42. Zurich.
Solbrig, O. T. and Simpson, B. B., 1974. Components of regulation of a population of dandelions in Michigan. J. Ecol. 62, 473-486.
Sterk, A. A., 1987. Paardebloemen-planten zonder Vader. 348p, Koninklijke Netherlandse Natuurhistrische Verening, Utrecht.
Sterk, A. A., 1987. Aspects of the population biology of sexual dandelions in the Netherlands. Vagetation between land and sea (Eds. H. L. Huiskes, C. W. P. M. Blom and J. Rozema) pp. 284-290. Dr. W. Junk Publishers, Dordrecht.
Sterk, A. A., Groennhart, M. C. and Mooren, J. F. A., 1983. Aspects of the ecology of some microspecies of *Taraxacum* in the Netherlands. Acta Bot. Neer. 32 (5/6), 385-415.
Sterk, A. A. and Menken, B. J., 1989. Zeldzame, bedreigde en uitgestorven paardebloemen. De Levende Natuur 90 (4), 98-107.
末広喜代一・山田恵子，1980．岡山県玉野市におけるタンポポ属 *Taraxacum* の分布と生育環境．香川大学教育学部研究報告 II 30，157-180．
末広喜代一・山奥恭子・田岡美奈子・蓮井博子，1989．高松市におけるタンポポの分布．香川大学教育学部研究報告 II 39，103-126．
鈴木章方・飯塚卓也，1983．帰化種セイヨウタンポポと在来種エゾタンポポにおける種子発芽戦略．山梨大学教育学部研究報告 (34)，84-91．
(社) 大阪自然環境保全協会タンポポ調査委員会，1986．タンポポを指標にした大阪府下自然度調査の報告（1985 年度）．関西自然保護機

沼田真・吉沢長人，1978．新版・日本原色雑草図鑑（改定版）．141p．全国農村教育協会，東京．

岡部作一，1956．セイタカタンポポ×ヒロハタンポポにおける不和合遺伝子の性質―タンポポの自家不和合性に関する研究Ⅰ．植物学雑誌 69，592-597．

大賀宣彦，1974．帰化植物の意味．自然科学と博物館 (43)，85-88．

大島哲夫，1983．生物教育におけるタンポポ分布調査．植物と自然 17 (3)，37-42．

Ogawa, K., 1978. The germination pattern of a native dandelion (*Taraxacum platycarpum*) as compared with introduced dandelions. Jap. J. Ecol. 28, 9-15.

Ogawa, K., 1979. Distributions of native and introduced dandelions in the Tokyo metropolitan area, Japan. "Vegetation und Landschaft Japans" (Eds. A. Miyawaki and S. Okuda), p. 417-421, 495p. Maruzen, Tokyo.

Ogawa K. and Mototani, I., 1985. Invasion of the introduced dandelions and survival of the native ones in the Tokyo metropolitan area of Japan. Jap. J. Ecol. 33, 443-452.

Ogawa K. and Mototani, I., 1991. Land-use selection by dandelions in the metropolitan area, Japan. Ecological Research, 6 : 233-246.

小川潔・本谷勲，2000．南関東における10年後調査から見た在来２倍体種タンポポと外来種タンポポの変化．野生生物保護 6，印刷中．

奥富清・揚石　優・安西慎司，1975．都市域における植生構造の特徴．人間生存にかかわる自然環境の基礎的研究（佐々学編），287-296．

長田武正，1972．日本帰化植物図鑑．254p．北隆館，東京．

Richards, A. J., 1970, Eutriploid facultative agamospermy in *Taraxacum*. New Phytol. 69, 761-774.

Richards, A. J., 1972. The *Taraxacum* flora of the British isles. Watsonia 9, 141p. Bot.Sci.British Isles., London.

Richards, A. J., 1973. The origin of *Taraxacum* agamospecies. Bot. J. Linn. Soc., 66, 189-211.

Roberts, H. A. and Lockett, P. M., 1977. Temperature requirements for germination of dry-stored, cold-stored and buried seeds of *Solanum dulcamara* L. New Phytol. 79, 505-510.

Roberts, H. A. and Neilson, J. E., 1981. Seed survival and periodicity of seedling emergence in twelve weedy species of *Compositae*. Ann. Appl. Biol. 97, 325-334.

毎日新聞，1972年 4 月15日付「追われゆくニホンタンポポ」

牧野富太郎，1904．日本ノたんぽゝ．植物学雑誌 18，92-93．

Maruta, E., 1976. Seedling establishment of *Polygonum cuspidatum* on Mt.Fuji. Jap. J. Ecol. 26, 101-105.

May, D. S. and Villarreal, H. M., 1974. Altitudinal differentiation of the Hill reaction in populations of *Taraxacum officinale* in Colorado. Photosynthetica 8, 73-77.

宮脇昭，1968．日本の植生．535p．学研，東京．

宮脇昭，1983．改訂版日本植生便覧．872p．至文堂，東京．

Mogie, M. and Ford, H., 1988. Sexual and asexual *Taraxacum* species. Biol. J. Linnean Soc. 35, 155-168.

森田竜義，1976．日本産タンポポ属の 2 倍体と倍数体の分布．Bull. Natn. Sci. Mus., Ser. B (Bot.) 2 (1), 23-38.

森田竜義，1980．日本産のタンポポ．植物と自然 14 (4)，9-15．

森田竜義，1985．日本産のタンポポ属 2 倍体の分類学的問題点―頭花の形質の変異に関連して―．新潟大学教育学部紀要 27 (1)，23-38．

森田竜義，1987．世界に分布を広げた盗賊種―セイヨウタンポポ．「雑草の自然史」（山口裕文編）pp. 192-208，北海道大学図書刊行会，234p．札幌．

森田竜義，1988．タンポポの無融合生殖．採集と飼育 50，128-132．

Morita, T., 1995. *Taraxacum*. In “Flora of Japan vol. 3b *Angiospermae, Dicotyledoneae, Sympetalae* (b)” (Eds. K. Iwatsuki, T. Yamazaki, David e. Boufford and H.Ohba), pp. 7-13. Kohdansya, Tokyo.

Morita, T., Sterk, A. A., and den Nijs, J. C. M., 1990. Hybridization between European and Asian dandelions (*Taraxacum* section *Ruderalia* and section *Mongorica*) 1. Crossability and breakdown of self-compatibility. New Phytol. 114, 519-529.

Morita, T., Menken, S. B. J. and Sterk, A. A., 1990. The significance of Agamospermous triploid pollen donors in the sexual relationships between diploids and triploids in *Taraxacum (Compositae)*. Plant Species Biol. 5, 167-176.

内藤俊彦，1975．タンポポ属（*Taraxacum*）の侵入と定着について．生物科学 27，195-202．

Naylor R. L., 1985. Establishment and peri-establishment mortality. “Studies on plant demography” (Ed. J. White), 95-109. Academic Press, London.

Grime, J. P. and Lloyd, P. S., 1973. An ecological atlas of grassland plants 34, 342-346.

波田善夫, 1988. タンポポの分布の現状と未来.「日本の植生」(矢野悟道編), 159-169. 東海大学出版会, 東京.

浜口哲一, 1998. 生きもの地図が語る街の自然. 152p. 岩波書店, 東京.

浜口哲一・渡邊幹男・山口奈穂・芹沢俊介, 2000. 神奈川県平塚市における雑種性帰化タンポポの分布. 神奈川県自然誌資料(21), 7-12.

Handel-Mazzett, H. von., 1907. Monographi der Gattung *Taraxacum*. 7+175pp. Franz Deuticke, Leipnig & Wisen.

Harper, J. L. and Benton, R. A., 1966. The behaviour of seeds in soil. II. The germination of seeds on the surface of a water supplying substrate. J. Ecol. 54, 151-166.

林弥栄, 1983. 日本の野草. 720p. 山と渓谷社, 東京.

平塚市タンポポ分布調査会, 1980. 平塚市におけるタンポポ類の分布. 自然と文化(3), 9-19.

平塚市博物館「みんなで調べよう」, 1984. 湘南地方におけるタンポポ類の分布. 自然と文化(7), 39-56.

堀田満, 1977. 近畿地方におけるタンポポ類の分布. 自然史研究 1, 117-134.

堀田満, 1986. 時間的な分布の変動からみた環境指標生物としてのタンポポ類. 関西自然保護機構会報 (11), 5-11.

Hulten, E., 1968. Flora of Alaska and its neighboring territories. 1008pp. Stanford Univ. Press, Stanford.

Jenniskins, M. P. J., 1984. Self-compatibility in diploid plants of *Taraxacum* section *Taraxacum*. Acta Bot. Neerl. 33, 155-164.

環境庁自然保護局企画調整課自然環境調査室, 1985. 緑のたより (2), 17-18, 66-68.

Kitamura, S., 1957. Compositae Japonicae, IV; *Taraxacum* WIGG. Mem. Coll. Sci. Kyoto (Ser. B) 24, 1-43.

北村四郎・村田源・堀勝, 1958. 原色日本植物図鑑 (上) (第 2 版). 297p. 保育社, 大阪.

木村進, 1980. タンポポ類の生育環境調査. 生物研究19, 1-11.

木村進, 1982. セイヨウタンポポはなぜ都市に広がっているか. Nature Study 28, 75-78.

Leonhoud, P. V. Van and Duyts, H., 1981. A comparative study of the germination ecology of some microspecies of *Taraxacum* WIGG. Acta Bot. Neerl. 30 (3), 161-182.

文献

Anderson, J. P., 1961. Flora of Alaska and adjacent parts of Canada. 543p. Iowa States Univ. Press, Iowa.

Baskin, C. C., Baskin, J. M. and Mary, A. L., 1993. Afterripening pattern during cold stratification of achenes of ten perennial *Asteraceae* from eastern north America, and evolutional implication. Plant Species Biol. 8, 61-65.

Baskin, J. M. and Baskin, C. C., 1972. Germination characteristics of *Diamorpha cymosa* seeds and an ecological interpretation. Oecologia 10, 17-28.

Baskin, J. M. and Baskin, C. C., 1976. High temperature requirement for afterripening in seeds of nine winter annuals. New Phytol. 77, 305-306.

Baskin, J. M. and Baskin, C. C. 1984. Role of temperature in regulating timing of germination in soil seed reserves of *Lamium purpureum* L. Weed Research 24, 341-349.

Baskin, J. M. and Baskin, C. C., 1986. Temperature reqirements for afterripening in seeds of nine winter annuals. Weed research 26, 375-380.

Baskin, J. M. and Baskin, C. C., 1992. Germination ecophysiology of the mesic deciduous forest herb *Polemonium reptans* (Polemoniaceae). Plant Species Biol. 7, 61-68.

Black, J. N., 1958. Competition between plants of different initial seed size in swards of subterranean clover (*Trifolium subterraneum* L.) with particular reference to leaf area and the microclimate. Australian J. Agr. Res. 9, 299-318.

Den Nijs, J. C. M., Kirschiner, J., Stepanek, J. and Van der Hulst, A., 1990. Distribution of diploid sexual plants of *Taraxacum* sect. *Ruderalia* in east-Central Europe, with special reference to Czechoslovakia. Pl. Syst. Evol. 170, 71-84.

Doll, R., 1973. Revision der *Erythrosperma* DAHLST. Emend. LINDB. F. der Gattung *Taraxacum* ZINN, 2. teil. Feddes Report 64, 1-180.

Ford, H., 1980. The demography of three populations of dandelion. Biol. J. Linnean Sciety 15, 1-11.

	タンポポなし	2.2	17.9	66.7
雑木林	外来種	37.4	27.5	40.0
	在来種	36.1	9.1	0
	在・外来種混生	18.7	4.1	0
	タンポポなし	45.2	67.6	60.0
牧草地	外来種	25.0	50.0	—
	在来種	50.0	66.7	—
	在・外来種混生	0	33.3	—
	タンポポなし	25.0	16.7	—
線路ぎわ	外来種	92.4	100	78.3
	在来種	33.4	16.7	0
	在・外来種混生	30.8	16.7	0
	タンポポなし	5.1	0	21.7
駐車場	外来種	93.8	85.3	86.7
	在来種	17.2	11.4	1.1
	在・外来種混生	14.8	8.1	1.1
	タンポポなし	3.9	11.4	13.3
その他	外来種	46.5	65.5	56.4
	在来種	21.1	17.8	1.0
	在・外来種混生	11.5	10.7	0.5
	タンポポなし	43.9	27.4	43.1

＊外来種、在来種の値はそれぞれ、在・外来種混生の値を含む.

	在来種	11.4	0	0.0
	在・外来種混生	11.4	13.2	0.0
	タンポポなし	2.9	28.9	27.5
路傍	外来種	86.3	77.8	68.6
	在来種	29.8	15.7	1.2
	在・外来種混生	22.4	10.0	1.0
	タンポポなし	6.3	16.5	31.2
校庭	外来種	76.9	84.4	71.4
	在来種	30.7	15.5	0
	在・外来種混生	19.2	11.0	0
	タンポポなし	11.5	11.1	28.6
グラウンド	外来種	73.9	67.8	77.8
	在来種	47.8	9.7	2.8
	在・外来種混生	39.1	6.5	2.8
	タンポポなし	17.4	29.0	22.2
あき地	外来種	84.1	86.4	90.6
	在来種	27.7	12.4	3.3
	在・外来種混生	21.8	8.7	2.4
	タンポポなし	10.0	9.7	8.5
耕作地	外来種	76.1	55.9	63.4
	在来種	43.5	21.0	0
	在・外来種混生	28.4	8.8	0
	タンポポなし	8.7	31.9	36.6
休耕地	外来種	65.7	69.3	61.5
	在来種	46.3	21.8	7.7
	在・外来種混生	22.4	13.9	0.0
	タンポポなし	10.4	22.8	30.8
果樹園	外来種	60.0	69.3	33.0
	在来種	64.4	23.1	0
	在・外来種混生	26.7	10.3	0

付章 2 ●土地利用形態別タンポポの出現状況（出現頻度%、1980年代）

土地利用形態	タンポポの種類	南多摩 (N=1,824)	北多摩 (N=2,125)	東京23区 (N=1,996)
家の庭	外来種	83.1	65.0	74.1
	在来種	18.9	14.1	1.1
	在・外来種混生	17.1	10.8	0.7
	タンポポなし	15.8	31.7	25.5
児童公園	外来種	98.2	87.5	80.0
	在来種	21.8	20.9	1.7
	在・外来種混生	20.0	16.7	1.7
	タンポポなし	0.0	8.3	20.0
庭園	外来種	100	62.5	92.6
	在来種	7.7	20.8	22.2
	在・外来種混生	7.7	12.5	14.8
	タンポポなし	0.0	29.2	0.0
寺社の境内	外来種	71.4	64.3	51.2
	在来種	50.0	42.8	0
	在・外来種混生	25.0	21.4	0
	タンポポなし	3.6	14.3	48.8
墓地	外来種	69.5	62.9	63.6
	在来種	47.8	33.3	0
	在・外来種混生	21.7	18.5	0
	タンポポなし	4.4	22.2	36.4
土堤	外来種	87.6	78.8	80.3
	在来種	34.0	34.9	12.7
	在・外来種混生	26.8	27.3	11.2
	タンポポなし	5.2	6.0	18.3
石がき	外来種	97.1	60.6	72.5

な区別ができない選択肢はまとめるしかない。

植物群落の種類構成の特徴を調べる植物社会学の植生調査ではしばしば、野外調査データの処理方法のひとつとして「相対的な量を示す隣どうしの階級では、時に決定的な大小関係はいえないが、ひとつか2つ飛んだ先の階級の間では明らかに大小関係を示す」という整理の仕方を用いる。ここではこの方法を借用して、選択肢を次のように大きく括った。

項目aは、単独個体または数個体と、群落サイズを明確に指すものであるので、これを単独または小群落とする。項目e、f、gはある程度大きな群落を指すので大群落とする。一方、項目b、c、dはそれらの中間と位置付けられる。そこで、選択肢の項目aに1、項目b、c、dにそれぞれ2、項目e、f、gにそれぞれ3という相対値（V'）を与えた。

各区画において、各地点のV'の平均値（M'）を求めた。このとき、タンポポなしの地点については、Vの場合と同様に平均値の算出に加えなかった。

この平均値の範囲は、すべての地点がV'＝1であれば1、すべての地点がV'＝3であれば3になる。この範囲を均等に3段階に区分した。したがって、区画当たりの群落の大きさの表示は、区画としての単独個体または小群落（1≦「V'の区画内平均値」<1.67）、中群落（1.67≦「V'の区画内平均値」≦2.33）、大群落（2.33<「V'の区画内平均値」≦3）の3つである。

区画ごとに勢力比と群落の大きさをならべて、1・1とか2・3のように表示する。あるいは ●、○、●のような記号で表す。

在来種が外来種より圧倒的に多い	a	6
在来種が外来種よりやや多い	b	5
在来種と外来種が半々	c	4
外来種が在来種よりやや多い	d	3
外来種が在来種より圧倒的に多い	e	2
外来種のみ	なし(設問番号 4 — 2 で判別)	1

この区画内の平均値は、すべての地点が在来種のみであれば 7 、すべての地点が外来種のみであれば 1 となり、実際はこの間のどれかの値をとることになる。それで、平均値が 7 の場合を在来種のみ、 1 の場合を外来種のみとし、その間を 3 等分して外来種が多い（1 <「V の区画内平均値」< 3）、在来種・外来種が半々（3 ≦「V の区画内平均値」≦ 5）、在来種が多い（5 <「V の区画内平均値」< 7）の 3 段階に区分した。したがって先のどちらか単独で存在する場合を加え、区画当たりの勢力比は 5 段階となる。

解説 6 . 相対的大きさ〈調査票の設問番号 4 — 4〉
タンポポの生えているようす（群落の相対的大きさ）に関する調査項目も、個体数の正確な把握が困難なので、相対的段階を示す 7 つの選択肢を採用した。

調査票の選択肢(群落の大きさ)	調査票の設問番号 4 — 4 の記号	相対値(V')
非常に少ない（1 ～数株)	a	1
調査した場所にまばらにある	b	2
道沿いなどに、線上に点々とある	c	2
小さなかたまりをつくっている	d	2
道沿いなどに帯状に ずっと続いてたくさんある	e	3
調査した場所にたくさんある	f	3
広い範囲にたくさん群れている	g	3

野外ではタンポポのいろいろな群れ方が見られ、それらをひとつひとつ区別したくなる。前項の勢力比もそうだが、調査の現場ではこまかいところが気になるものなので、選択肢の数は多いほど納得して選択できる。ここに示した調査票上の選択肢の各項目は、調査現場で感覚的に得られる印象を選択しやすくするために複数の選択肢で表現したものであるが、厳密な定量的大きさをあらわすものではない。それで、集計に当たっては、明瞭

ができない場所や広い水面などがある場合もあって、必ずしもすべての地点に到達できるとは限らなかった。そこで、区画あたり半数の８地点以上調査された場合を有効区画として検討対象とした。

解説４．タンポポの出現頻度〈調査票の設問番号４－１、４－２〉
どれくらいの頻度でタンポポに出会えるのかを知るため、有効な調査票について、タンポポの出現頻度を次の手順にしたがって求めた。

区画ごとの出現頻度(％)
＝区画内でいずれかのタンポポが出現した調査地点数／区画内で実際に調査された地点数
×　１００

必要に応じて、同様にして種類別の出現頻度、地区別の出現頻度を求める。

解説５．勢力比〈調査票の設問番号４－２、４－３〉
在来種と外来種がともにあればどちらが多いかの相対的割合（勢力比）を調査票の設問番号４－３から求めた。なお、一方のみ生育している場合は調査票の設問番号４－２により一方のみ存在として区別し、勢力比の算出に加えた。

各種類のタンポポの個体数を正確に数えるのは難しい。同一の株でも大きくなると複数の芽を持つし、これらが株立ちとなるので、１個体かどうか見極めにくい。また、隣どうしであっても地下でつながっている事もある。逆に、ごく近くで育った２株が大きくなって接してしまうと、１株か２株かがわからなくなる。それで、見た目の大雑把な個体数の割合を勢力比として、調査票に相対的段階を示す５段階を選択肢として用意した。

これら選択肢は、たとえば在来種と外来種の個体数の比が10：３というように明確に定量的大きさをあらわすものではないが、在来種と外来種の比率をおおまかに表しているので、選択肢の各項目と「在来種のみ」、「外来種のみ」に、以下に示すように「在来種のみ」から順に、７、６、５…１と相対値（V）を与え、各区画ごとに調査された８～16地点のＶの平均値（M）を求めた。ただし、タンポポなしの地点については在来種と外来種の個体数の比が０：０となり比をとれないので、平均値の算出に加えなかった。

調査票の選択肢(勢力比)	調査票の設問番号４－３の記号	相対値(V)
日本のタンポポ(在来種)のみ	なし(設問番号４－２で判別)	7

d. 小さなかたまりをつくっている

e. 道沿いなどに帯状にずっと続いてたくさんある

f. 調査した場所にたくさんある　　g. 広い範囲にたくさん群れている

5. 調査地の手入れや利用のされ方、また以前のようす、今のようになったのはいつごろからかなど、ごぞんじでしたら教えてください。その他、お気づきのことなども。

解説 1．調査地点の決め方

南関東における調査地点指定法では、まず25,000分の1の地形図「東京主部」（国土地理院発行）の左隅を起点とし、地図の上で東西南北 2 km の区画に分けた。次に各区画内に、東西南北500m ごとに調査地点を設けた。1区画には16の調査地点が等距離に配置されることになる。

解説 2．調査の方法

調査者は、調査地点がプロットされた地形図をもとにオリエンテーリングのようにして調査地点に到達し、調査票の指示にしたがってタンポポの有無、タンポポがあればその種類、また在来種と外来種がともにあればどちらが多いかの相対的割合（勢力比）、およびタンポポの群れている様子（群落の相対的大きさ）を選択肢より選ぶ方法で調査票に記入した。タンポポがあれば、その種類ごとに頭状花をひとつ採取して証拠とした。

解説 3．整理の方法

調査済みの調査票は、証拠に添えられた頭状花との整合性をチェックした後、記載および証拠に矛盾がないもののみ有効とした。

調査票は順番に記載の指示通りにすれば誤記を起こすはずがないのだが、たとえば存在したタンポポの種類としては外来種だけに○がついていながら、後の項目では外来種が在来種より多いと、2種の存在を示す書き方をしているものなど、結果的に論理矛盾をきたすものもあったので、証拠の花によるチェックは大事であった。また、証拠としてタンポポではない、ノゲシやジシバリなどの花が添付されているケースもあり、これらは無効票とせざるを得なかった。

調査地点の指定に用いた 2 km 四方の区画ごとに、調査票を整理した。各区画内には16の調査地点が予定されたが、軍事基地や工場など立ち入り

e.墓地　f.土堤　g.石垣　h.路傍　i.校庭　j.グラウンド

k.あき地　l.耕作地（へりも含む）　m.休耕地　n.果樹園

o.雑木林　p.牧草地　q.線路ぎわ　r.駐車場　s.水田

t.湿地　u.造成地　v.河原

w.その他（具体的に　　　　　　　　　　　）

4－1. タンポポが　a. な い（→ 5以下に記入してください。）

b. あ る（→ 4－2以下に記入してください。）

4－2. みつけたタンポポは次のうちどれですか。あったものをすべて選んでください。

a.　日本のタンポポ（黄花）　b.　外来のタンポポ

c.　シロバナタンポポ　d.　種類がわからないタンポポ

4－3. 4－2で、aとb両方を選んだ場合、どちらが多いかについて見てください。

a. 日本のタンポポが圧倒的に多い　b. 日本のタンポポが多い

c. 半々ぐらい　d. 外来のタンポポが多い

e. 外来のタンポポが圧倒的に多い

4－4. 花をとった場所（2の調査地点）のタンポポの生え方はどのようですか。

a. 非常に少ない（1～数株）　b. 調査した場所にまばらにある

c. 道沿いなどに、線状に点々とある

付章1◉タンポポ調査の調査票と手順

タンポポ調査の調査用紙（調査票）はそのつど改良されているが、調査年の異なるデータを比較するには、項目の内容が変わっていない必要がある。南関東におけるタンポポ調査をすすめてきた「タンポポ調査実行委員会」では、タンポポの有無，種類、生え方などの項目は改変せず、土地利用形態については10年ごとの調査にあたって項目を追加した。そこで、以前の調査では用意していなかった土地利用の追加項目については、「その他」にまとめて比較した。また調査時期ごとにいくつかの独立した調査項目の増減をしてきた。ここでは以下に、1990年の調査に用いられたものを示しておく。

タンポポ調査90調査票

タンポポが「ない」という情報も集めていますので、タンポポの有無にかかわらず記入してください。なお、調査不能の場合は、地点番号の後にその旨書いてください。

1. 調査年月日　　　　年　　月　　日

あなたの　ご住所

お名前

2. あらかじめ指定されている地点番号（　　　　　　）
調査地点の地番がわかれば書いて下さい。別に名称（例・黒川駅前）があれば。

都・県　　　　市・区・町・村

丁目　　　　番付近（　　　　　　）

3. 調査地点のようす（2つ以上選んでもよい）

a.家の庭　b.児童公園など　c.庭園　d.寺社の境内

復刻によせて

このたび12年ぶりの復刻にあたり、雑種問題および、２０００年代の知見と今後の課題について少し述べたいと思う。

在来種との雑種が見かけの外来種タンポポの多数派になっていることが、２０００年代に入るころから関東・北陸以南の各地で明らかとなってきた。加えて、異なる倍数体間で雑種形成が行われていることや、在来種に酷似した外部形態を持った雑種の存在が確認され、現在では、雑種を介して在来種と外来種の外部形態は連続してしまうことが明らかになっている。すなわち、純粋の外来種では外総苞片は下垂するものが多いが半ば開くものを含み、４倍体雑種ではこれによく似ている外総苞片が開かないものも少ないが含み、３倍体雑種ではさらに在来種に似たものがふえるという分析結果だった。こうした事実から、外総苞片の形態だけで在来種、雑種、外来種を確実に識別することは困難であるといえる。一方、外来種の花粉が在来種の受粉に競争相手として影響を与えていることも解明されつつある。両種が混在する場合、在来種の種子生産が妨害されるというのである。

いつから在来種と外来種との雑種ができたのかは、じつはわかっていない。雑種発見当時は、最近になって雑種ができたという暗黙の理解の上で議論されていた。しかし、1970年代の標本から、雑種の可能性があるDNAを持った個体が多数検出されることがわかってきた。ただし、古い標本ではDNAが切断されていることが多く、分析は複数の指標で確認する必要があるため、まだ解明途上にある。私と共同研究者である農業環境技術研究所の芝池さんのもとには、タンポポ調査で集められた頭状花の標本が多数保存されているので、この課題に挑戦しようという若い研究者がいれば大歓迎である。また、雑種の片親の在来種がどの種類だったのかも、未解明のままである。

新潟大学の森田さんによれば、決め手となるマーカーがみつからないという。

私たちのグループは、近年になって緑化材として輸入され野外で育成されたタンポポ個体群から、純粋の外来種3倍体とともに2倍体の個体を検出した。これにより、タンポポの新規導入が現在もあること、2倍体の外来種が日本の野外に持ち込まれていることが明らかになった。

新規導入個体群は人為的保護により初期には多数の個体を持つが、手を加えないと個体数は減少していくので、在来種のような長い寿命の個体群にはならない可能性が高い。外来種の遺伝子を存続させるには雑種化という手段で新天地に適応できる遺伝子を取り込む必要があったと考えると、雑種の起源は最近ではなく、外来種が来日して遅くない時期とか、その後も繰り返し雑種化しているとの想定もありうる。

これまで外来種は倍数体だけが検討対象とされてきたが、今後は2倍体という、有性生殖を普通に行う種の間での雑種形成が問題となる。在来の2倍体種と自由に遺伝子交流を行う可能性である。それが起こってしまうと、在来種集団から外来種の遺伝子を除去するのは難しく、長い時間をかけてつくりあげられてきた地域固有の遺伝子構成、言い換えれば生物多様性が失われる恐れがある。

この本を2001年に出版したとき、原稿を読んだ編集者の久木さんから、「セイヨウタンポポって、かわいそうな植物なんですねえ」と言われたことが思い返される。ふるさととは異なる環境のもとで、精一杯生きているからである。ところで、生態系や農林漁業、人の健康に脅威となる外来種の国内持ち込みや移動を規制する「外来生物法」では、外来種タンポポは直接の規制対象ではないが、要注意外来生物に挙げられている。近い将来、規制対象となる「特定外来生物」に指定される可能性が強まったと言えよう。利用するだけしてあとは邪魔者扱いする人間のご都合主義との批判を、タンポポから投げかけられるような気がする。外来種タンポポを嫌われ者にしてしまう片棒を自分自身が担いでいると思うと、タンポポの身になって研究するという思いが全うできない歯がゆさを感じざるを得ない。

2013年10月

小川　潔

著者紹介

小川　潔（おがわ・きよし）

1947年東京都生まれ。東京大学理学部卒業。同大学院を経て、東京学芸大学教育学部に勤務。現在、東京学芸大学名誉教授。専門は環境教育と保全生態学。学生時代から、自然保護運動および自然観察会を中心とする環境教育実践と、生態・自然史研究という二足のわらじをはいてきた。「しのばず自然観察会」代表幹事。著書に、『たんぽぽさいた』（新日本出版社）、『タンポポとカワラノギク―人工化と植物の生きのび戦略』（共著・岩波書店）、『新版環境教育事典』（共編著・旬報社）、『自然保護教育論』（共編著・筑波書房）などがある。

日本のタンポポとセイヨウタンポポ

平成25年11月25日　発　行

著作者　小　川　　潔

発行者　池　田　和　博

発行所　丸善出版株式会社

〒101-0051　東京都千代田区神田神保町二丁目17番

編集：電話(03)3512-3265／FAX(03)3512-3272

営業：電話(03)3512-3256／FAX(03)3512-3270

http://pub.maruzen.co.jp/

印刷・製本／藤原印刷株式会社

装幀／戸田ツトム＋山下響子

ISBN 978-4-621-08790-9　C0045　Printed in Japan

本書は、2001年3月にどうぶつ社より出版された同名書籍を再出版したものです。